U0325979

# 清洁油品概论

## Outline to Clean Oils

瞿国华　编著

中国石化出版社

## 内 容 提 要

　　清洁油品代表了当今炼油工业一个重要发展方向。讨论和研究相关问题不仅近期对于我国大气污染治理有着重要的作用，对于提高我国工业的能效，优化我国能源结构也存在巨大意义。

　　本书重点讨论清洁油品三个方面的问题：一是符合中国实际情况又赶超世界先进水平清洁油品标准的制定；二是讨论我国清洁油品的生产和制备技术，包括有关含醇汽油的制备和生产；三是讨论清洁油品今后的发展方向，重点是高清洁度、高能效并重的清洁油品——清洁柴油及现代柴油轿车的应用、推广。

**图书在版编目（CIP）数据**

清洁油品概论 / 瞿国华编著 . —北京：中国石化
出版社，2019.6
ISBN 978-7-5114-5347-1

Ⅰ.①清… Ⅱ.①瞿… Ⅲ.①石油产品-概论
Ⅳ.①TE626

中国版本图书馆 CIP 数据核字（2019）第 094097 号

未经本社书面授权,本书任何部分不得被复制、抄袭,或者
以任何形式或任何方式传播。版权所有,侵权必究。

**中国石化出版社出版发行**
地址:北京市朝阳区吉市口路 9 号
邮编:100020　电话:(010)59964500
发行部电话:(010)59964526
http://www.sinopec-press.com
E-mail:press@sinopec.com
北京富泰印刷有限责任公司印刷
全国各地新华书店经销
\*
710×1000 毫米 16 开本 10.25 印张 190 千字
2019 年 6 月第 1 版　2019 年 6 月第 1 次印刷
定价:48.00 元

# 前　言

2018 年是我国全面实行改革开放 40 周年，40 年来我国炼油工业取得了巨大进步，尤其是汽柴油质量的升级换代，我们仅用了近 10 年的时间走完了国外需要二三十年时间才能达到的水平，明年起全国汽柴油将实施"国Ⅵ标准"。

作者以为，清洁油品代表了当今炼油工业一个重要发展方向。本书主要讨论清洁油品三个方面的问题：一是符合中国实际情况又赶超世界先进水平清洁油品标准的制定；二是讨论清洁油品的生产和制备技术，包括有关含醇汽油的制备和生产，重点是要反映出我国炼油工业在这方面所取得的巨大进步和达到的水平；三是讨论清洁油品今后的发展方向，提出了要调整和优化适合我国国情的消费柴汽比的概念，重点是清洁油品要向高清洁度、高能效并重的方向发展，具体讨论清洁柴油及现代柴油轿车的应用、推广。

我国是一个发展中国家。讨论和研究上述相关问题时我们必须秉持可持续发展的观点；必须从中国国情出发，要有充分的"科学自信"（文化自信的一个重要部分）和"独立思考"精神。分析清洁油品问题是属于一个庞大的"系统工程"，不仅近期对于我国大气污染治理有着重要的作用，今后对于提高我国工业能效、优化我国能源结构等都存在巨大意义，这就是作者撰写本书的出发点。

作者自 1960 年从北京石油学院毕业投身于中国炼油化工事业以来，先后在我国兰州炼油厂、浙江炼油厂和上海石化总厂长期工作和学习过，这是三个在中国炼油化工工业史上有着重要地位和贡献的大型国有企业，在这里作者得到了培养和锻炼。在此谨对三个厂的历任领导和全体职工致以深切的感谢，并将本书献给我工作、学习过的兰州炼油厂、浙江炼油厂和上海石化总厂等三个厂。（注：兰州炼油厂现称中国石油兰州石化公司；浙江炼油厂现称中国石化镇海炼化公司；上海石化总厂现称中国石化上海石化股份有限公司）

最后应指出，作者在编写 5.2.3 节时，上海同济大学汽车学院谭丕强教授、方亮老师给予了大量的指导和帮助，在此谨致以衷心感谢！

# 目　录

# 1 背　　景[1]

广义地分析石油炼制工业产品中的汽、煤、柴油等马达燃料在一次能源系列中的地位，主要是为了满足建设绿色低碳的海、陆、空交通运输能源燃料体系的过程中能更好地发挥出他们的用途，当然也有一部分炼油工业产品供作石油化工原料(石脑油)、家庭民用燃料(液化气)、润滑油料、溶剂油料、沥青和石油焦等其他用途，本书讨论清洁油品生产和发展主要是狭义地针对炼油工业产品中的汽油、柴油等燃料部分，油品清洁性指的是油品使用过程中对环境和车辆产生的清洁性影响而非油品本身是否清洁，即物理清洁性。清洁油品实际是一个不断发展的概念，就是通过限制汽柴油中的特定物质，如硫、苯、烯烃、芳烃等组分含量，达到在使用过程中减少其发动机排出尾气对大气污染的目的。清洁油品质量标准升级也主要体现在降低不利于清洁排放的硫、苯、烯烃、芳烃的含量标准。清洁油品是一个相对的、不断发展的概念。所谓相对的概念，早期，石油就是比煤更清洁的燃料；在含铅汽油时代，四乙基铅是汽油中的主要毒物；而到了无铅汽油时代，汽油中的那些对尾气中有害物形成有促进作用的化学组分成为主要毒物。所谓不断发展的概念，是指要不断地降低汽柴油中的这些有害物质的含量。

我国在 2000 年左右，成功实现了车用汽油的无铅化，目前已完成了低硫化进程，进入了清洁化阶段和高能效阶段，也就是应该进入高清洁化和高能效化并重阶段。提高车用油品清洁性，降低有害物质含量，改善环保指标，是车用油品清洁化的主要内容。车用油品清净性，是保证现代汽车发动机各关键部位清洁、降低污染物排放、提高燃油经济性的重要指标。

以清洁汽/柴油为例，使用清洁汽/柴油可以有如下优点。

(1) 减少大气污染。使用清洁汽油/柴油的汽车，尾气排放中的碳氢化合物、一氧化碳、氮氧化物和颗粒物排放将大大减少，这也是使用清洁汽油/柴油后最大的效果。

(2) 清洁汽车部件。使用清洁汽油的汽车能够保持发动机燃油供给系统清洁，如化油器或喷嘴、油路、进排气阀、火花塞、燃烧室、活塞等部件，在汽车运行中不生成油垢、胶状物和积炭，不需要再定期清洗，省时省力。

(3) 节省燃油。燃油供给系统清洁，油品的雾化程度提高，混合气完全燃烧，使发动机功率得到充分发挥，节省燃油。

（4）改善行驶性能。发动机容易启动，转速平稳，加速性能好。

（5）延长发动机使用寿命。发动机的化油器或喷嘴的使用寿命得到延长，减少维修更换部件的费用。由于燃油系统不会/减少产生积炭。减少了机械磨损，从而也延长了发动机的使用寿命。

# 1.1 我国油品消费特点

改革开放 40 年以来，中国的汽车保有量从 143 万辆爆炸性地增长到 2.17 亿辆，增长 150 多倍，特别是 2010 年以后年均增速达 6.8%。与此相应，中国的汽柴油消费量也急剧攀升，到 2017 年超过 3 亿吨。面对汽柴油消费量的大幅增长、车辆燃油质量和排放标准不断提高的发展趋势，中国炼油工业必须以满足国家经济发展和人民需要为宗旨，深化结构调整，着力提质增效，并用国际上经历过的三分之一时间走完油品升级之路，推动我国炼油业务做大做强、稳健发展。

纵观我国炼油工业发展情况，1995 年我国炼油能力为 2 亿吨/年，2015 年为 7.10 亿吨/年，20 年内炼油产能增加了 2.6 倍左右。炼油产能发展迅速，导致目前油品供给总体出现过剩局面。预计 2020 年中国炼油产能将达到 8.8 亿吨，力争控制在 8.5 亿吨左右。炼油产能超过实际需要在 1.2 亿吨左右，就是有 10%~15% 的炼油产能是过剩的。中国炼油工业产能已仅次于美国列世界第二位。

炼油产能过剩的一个重要标志，就是当前为了缓解产能过剩的矛盾大幅提升成品油出口量（尤其是柴油）。2013 年，我国成品油（包括汽油、煤油、柴油）出口量为 1000 万吨，2015 年，我国成品油出口量 2542 万吨，同比增长 30.4%，其中汽油 590 万吨，增长 18.4%，柴油 716 万吨，同比增长高达 79.2%，成品油出口占原油加工量的 5% 左右（不包括沥青、石油焦等出口），2016 年成品油出口量 3255 万吨，2020 年成品油出口量预计接近 5000 万吨。最近我国山东等地的一些民营炼厂也开始单独出口柴油等油品。应注意到，这是在随着中国石油云南石化和中国海油惠州炼厂二期等炼油项目投产在即，炼厂开工率不断下降的情况下出现的。先前预测我国炼厂平均开工率预计将从 2016 年的 76.7% 降至 2017 年的 75%。目前我国石油大进大出格局造成炼油行业"两头在外"的局面不仅给我国石油供应安全带来压力，在某种程度上也把加工能耗、严重环境污染等问题留在了国内，对此类涉及炼油产能规模调整和优化、发展柴油轿车（包括面包车等）扩大清洁柴油用途以及摸索出一条合理的、符合国情的柴汽比等能源结构宏观方面问题值得国家有关方面重视并加以研究和调整。深入、全面讨论这些问题已超出本书的范围，本书仅仅在以下的第三节"清洁油品生产和发展过程中的技术创新"一节中对催化柴油深加工技术展开一定的讨论，主要是研究减少炼厂"柴油池"中催化柴油的数量、比例以减少炼厂柴油产量，同时在"5.2 重视清洁柴油生产和清洁柴油车开发"一节中讨论开发、推广清洁柴油车的课题，以扩大清洁柴油在民用轿车领域的应用。

在经过过去几十年的快速工业化以后，我国已从工业化中期转向中后期发展，在经济"新常态"大环境中，经济发展速度将逐步放缓，经济转向高质量方向发展，炼油工业也是如此。同时随着人民生活水平的提高，家用汽车保有量保持高速增长，汽油消费量有望在未来 10 年内继续呈现稳定增长态势，柴油消费增速低于汽油消费增速将成为今后的常态，消费柴汽比将不断下降。国内成品油消费柴汽比 2000 年后基本保持在 2.1～2.2：1 之间；2005 年达到 2.31：1 的高点，2012 年回落至 1.97：1，2013 年上半年又回落至 1.93：1 的新低点。有的观点认为是社会发展的阶段决定了一个国家消费柴汽比变化的趋势，工业化后期消费柴汽比将进入长期下降的趋势，如美国消费柴汽比从 0.52 降至 0.47，日本消费柴汽比从 2.32 降至 1.39，法国消费柴汽比从 2.4（1975 年）降至 1.94（1990 年），法国后期又回升至 3.23（2000 年），主要是欧洲推行了轿车柴油化以后，柴油消费量上升所致。我国至今还是一个发展中国家，目前炼油工业"大进大出、两头在外"的格局是否符合国情是一个值得研究的问题。表 1 是 2010～2030 年我国主要石油产品需求情况及预测。其中汽油消费 2014 年达到 1.10 亿吨，预测到 2025 年前每年增加 4.5%，年均增长 550 万吨左右，2025 年达到 1.70 亿吨的峰值。柴油消费在 2014 年达到 1.76 亿吨的峰值后将出现零增长或负增长，2025 年柴油消费量为 1.68 亿吨小于当年汽油消费量，也就是会出现消费柴汽比小于 1 的局面。

**表 1　2010～2030 年我国主要石油产品需求情况及预测**　　　万吨

| 项　　目 | 2010 年 | 2015 年 | 2020 年 | 2025 年 |
|---|---|---|---|---|
| 汽　油 | 7149 | 11200 | 15000 | 17000 |
| 煤　油 | 1750 | 2680 | 3650 | 4810 |
| 柴　油 | 15755 | 16650 | 17000 | 16800 |
| 液化气 | 2338 | 2525 | 3000 | 3400 |
| 化工轻油(石脑油) | 5560 | 6930 | 8790 | 10250 |
| 燃料油 | 3430 | 3120 | 2630 | 2460 |
| 其　他 | 9741 | 10356 | 11115 | 12420 |
| 合　计 | 45723 | 53460 | 61185 | 67140 |

数据来源：中国石化经济技术研究院。其中 2020 年、2025 年数据为预测值。

当今和未来影响我国油品消费的主要因素之一是我国汽车工业发展和汽车保有量的增长变化(详见表2)。据预测，伴随国民生活水平不断提高以及国内汽车产量持续增长，国内乘用车保有量稳步提升。相较于国外发达国家，国内人均汽车保有量仍处于较低水平，2015年国内汽车保有量达1.72亿辆，2016年国内汽车保有量达1.94亿辆，2016年中国汽车千人保有量达到140辆，远低于欧美和日韩等国家，也低于世界平均水平。2017年全国民用汽车保有量2.17亿辆，比上年末增长11.8%，其中私人汽车保有量18695万辆，增长12.9%。民用轿车保有量12185万辆，增长12.0%，民用轿车中私人轿车11416万辆，增长12.5%。根据预测，到2020年国内汽车千人保有量将达到200辆。中国乘用车保有量仍有较大发展空间。2020年前我国汽车保有量将以年均12%速度快速增长，汽车保有量2020年预计将达到2.6566亿辆，2030年达到2.9898亿辆。按照每辆车年均消耗0.8吨油品计算，2020年、2030年车用汽柴油约需2.13亿吨、2.38亿吨。按照车用油消费占汽柴油总量70%计算，2020年、2030年车用油消费约需3.0亿吨、3.4亿吨。按照汽柴油消费量占原油消费量55%(根据近几年我国汽柴油消费占总原油消费的平均值)计，2020年、2030年约需原油5.5亿吨、6.2亿吨[2]。

**表2　我国中长期汽车保有量实际和预测**

| 年　份 | 实际汽车保有量/万辆 | 预测汽车保有量/万辆 | 误差/% |
|--------|-----------|-----------|--------|
| 2008 | 5100 | 4922 | 3.6 |
| 2009 | 6281 | 5797 | 8.3 |
| 2010 | 7802 | 7996 | -2.4 |
| 2011 | 9356 | 8959 | 4.4 |
| 2012 | 10944 | 10478 | 4.5 |
| 2015 | 17200 | 17130 | |
| 2016 | 19440 | | |
| 2017 | 21743 | | |
| 2020 | | 26566 | |
| 2030 | | 29898 | |

以上数据是基于我国经济将处于持续增长态势，预计2020年前GDP将维持7%的年增长率，2021~2049年GDP增长率将维持在5%以上。城镇化率将从2012年的52.57%以每年1%速度增长到2037年75%左右。图1是我国中长期汽、柴油消费预测。表3是我国中长期汽、柴油消费及需求预测。可见根据实际及预测结果显示，汽、柴油消费总量将持续增长，柴油增速小于汽油。

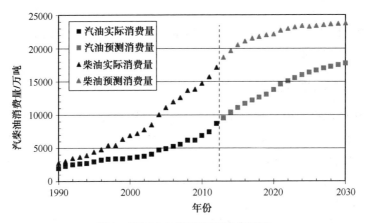

图 1　我国中长期汽柴油消费预测

表 3　中长期汽柴油消费及需求预测　　　　　　　　　　万吨

| 年份 | 汽　油 | | | 柴　油 | | |
|------|--------|--------|----------|--------|--------|----------|
| | 实际消费 | 预测消费 | 预测误差/% | 实际消费 | 预测消费 | 预测误差/% |
| 2010 | 6886.2 | 6978 | 1.33 | 14634 | 14313 | -2.19 |
| 2011 | 7396.0 | 7727 | 4.47 | 15635 | 15779 | 0.92 |
| 2012 | 8684 | 8621 | -0.73 | 17024 | 17302 | 1.63 |
| 2015 | | 10200 | | | 18515 | |
| 2020 | | 12230 | | | 19363 | |
| 2030 | | 15211 | | | 19507 | |

　　以上数据是根据我国国内汽车保有量测算得来的，实际上根据公安部交管局官方发布消息，截至 2018 年 6 月底，全国机动车保有量达 3.19 亿辆，和汽车保有量相比二者相差近 1 亿辆，统计机动车保有量时增加了摩托车和农用汽车二类（人民网，2018-07-17）。

# 1.2　我国油品质量

　　进入 21 世纪以来，由于国民经济持续快速发展和人民生活水平的不断提高，对车用燃料不仅有提高燃烧性能方面的要求，如高辛烷值汽油（相应的是车用汽油牌号，如 92#、93#、95#、98# 等）和高十六烷值柴油的要求，同时为降低排放、改善大气质量，国家展开了一系列成品油质量升级的专项行动，油品质量升级加快了进程、扩大了范围、提高了产品标准并向国际先进水平看齐。如汽柴油主要杂质硫含量目前已达到小于 10mg/kg 的国际先进水平，也就是完成了从低硫汽柴

油向超低硫(或无硫)汽柴油转变。这些都构成了定义清洁油品的主要内涵。在某种程度上可以讲，当前炼油工业清洁油品生产技术引领和加快了我国整个炼油技术的开发创新步伐。

### 1.2.1 简单历史回顾

从 2001 年出台了国Ⅱ汽油标准以后我国油品升级工作一直没有停顿。经历了国Ⅱ、国Ⅲ标准，2014 年起，我国已全面执行国Ⅳ汽油标准，2015 年起，全面执行国Ⅳ柴油标准。国家前已公布了国Ⅴ汽柴油标准，全国供应国Ⅴ标准车用汽柴油时间由原定的 2018 年 1 月，后提前至 2017 年 1 月实施。最近又公布了第六阶段《车用汽油》和《车用柴油》两项国家强制性标准，我国将抓紧启动和实施第六阶段汽、柴油国家标准，计划在 2019 年实施。其中对国ⅥA 汽油规定的技术要求过渡期至于 2018 年 12 月 31 日，自 2019 年 1 月 1 日起，国Ⅴ汽柴油规定的技术要求废止；国ⅥB 汽油规定的技术要求过渡期至于 2023 年 12 月 31 日，自 2024 年 1 月 1 日起，国ⅥB 汽油规定的技术要求废止。此外，北京市质量技术监督局于 2016 年 10 月 20 日正式发布了北京市第六阶段《车用汽油》(DB 11/238—2016)和《车用柴油》(DB 11/239—2016)地方标准，两项标准于 2017 年 1 月 1 日起实施。

针对"京Ⅵ"汽柴油标准，北京市环保局介绍与国际上最严格的燃油标准相比，中国车用汽油中烯烃较高，蒸气压分段少，馏程较高，这是造成北京市大气氧化性强、优良天气保持较短的主要原因之一。预计使用"京Ⅵ"油品后，在用汽油车的颗粒物排放降幅达 10%，非甲烷有机气体和氮氧化物总体上能够达到 8%~12%的排放削减率；在用柴油车氮氧化物排放下降 4.6%，颗粒物排放下降 9.1%，总碳氢化合物排放下降 8.3%，一氧化碳排放下降 2.2%。

2017 年初，国家环保部等 4 部门和北京、天津、河北等 6 省市发布《京津冀及周边地区 2017 年大气污染防治工作方案》，要求"2+26"城市于 2017 年 9 月底前全部供应符合国Ⅵ标准的车用汽柴油，率先完成城市车用柴油和普通柴油并轨，禁止销售普通柴油。也就是讲，国Ⅵ标准油品将突破过去国家标准在全国统一实施的惯例，提前到 2017 年 10 月 1 日起在我国大气污染最严重的这个地区(也称为"大气污染传输通道")实施。据了解，中国石化、中国石油下属企业都已经向上述城市提供合格产品。与此同时，"大气十条"也明确了 2017 年六大举措治霾的工作目标，京津冀 PM2.5 浓度要下降 25%，北京要达到 $60\mu g/m^3$ 左右(注：2016 年北京 PM2.5 平均浓度为 $73\mu g/m^3$)。京津冀地区 2017 年 1 月份空气质量出现大幅下滑，为 2017 年"大气十条"阶段性目标的完成增加了难度。环保部此前通报，2017 年 1 月，京津冀区域 13 个城市 PM2.5 浓度为 $128\mu g/m^3$，同比上升 43.8%；北京 PM2.5 浓度为 116μg/m³，同比上升 70.6%。严峻的治霾形势倒逼大气治理政策升级。上述所谓传输通道的"2+26"城市，是指环保部确认的京津冀大气污染传输通道内的"2+26"城市，"2"指的是北京市和天津市，"26"指的是石家庄、唐山、保定、廊坊、沧州、衡水、邯郸、邢台、太原、阳泉、长治、晋城、济南、淄博、聊城、德州、滨州、济宁、菏泽、郑州、新乡、鹤壁、安阳、焦作、濮阳、开封等 26 个城市，它们分别位于河北、山西、山东、河南等省份。

2018 年 4 月，中国石化率先提出建设"绿色企业行动计划"目标。该计划由绿色发展、绿色能源、绿色生产、绿色服务、绿色科技、绿色文化等六大部分组成。其中绿色能源部分最为引人注目，中国石化作为最大的油品生产商对促进我国油品的升级换代有决定性意义。绿色能源部分主要有以下内容：

（1）今后六年内中国石化清洁能源产量占比超过 50%。到 2023 年，提高常规天然气、页岩气、煤层气等产能，力推"气化长江经济带"行动，使天然气产能达到 400 亿立方米/年以上，中国石化清洁能源产量油气当量占比超过 50%。

（2）2018 年 10 月起出厂车用汽、柴油达到国Ⅵ标准，中国石化推动汽柴油质量保持国际先进水平。2020 年，船用燃料油硫含量从 3.50% 降至 0.50%，预计可减少二氧化硫排放 130 万吨/年。中国石化出厂汽柴油标准升级以后，势必加速推动全国汽柴油全部达到国Ⅵ标准。

（3）今后六年内中国石化将新建 1000 座车用天然气加气站。在建设绿色加油站方面，中国石化加大乙醇汽油、生物柴油、汽油清洁剂及柴油车尾气处理液市场推广及供应。探索布局重点城市及路段充换电站，适时推进加氢站和储氢基础设施建设。

（4）2023 年中国石化天然气供应能力将达 600 亿立方米/年（2017 年中国石化境内原油产量 3505 万吨，境内生产天然气 257 亿立方米，同比增长 19.2%）。在加大清洁能源供应方面，实现清洁能源有效快速发展，加快天然气管网、接收站、储气库建设。到 2023 年，投运输气管道达到 1 万公里，中国石化天然气供应能力达到 600 亿立方米/年，占国内供给的 15%～20%，可供 3.2 亿户城镇居民使用 1 年。

（5）2023 年中国石化投运输气管道达到 1 万公里，LNG 接转能力达到 2600 万吨/年。届时，中国石化天然气总供应能力达到 600 亿立方米/年，占国内供给的 15%～20%，可供 3.2 亿户城镇居民使用一年。

2018 年 6 月国务院常务会议决定，从 2019 年 1 月日起全国全面供应符合国Ⅵ标准的汽柴油。汽柴油质量全面赶超世界先进水平。从 2018 年下半年开始，中国石化已先后在江苏、海南等省份开始生产供应国Ⅵ标准的汽柴油。

### 1.2.2 我国燃油环境质量水平基本评价

近代燃油质量水平和环境保护有着密切的关系，这就是我们要研究的燃油环境质量水平的问题。与世界上两大主要的燃油标准制定者欧盟和美国比较，我国现有的国Ⅴ标准已经接近或部分达到世界水平，国Ⅵ标准车用汽柴油则是达到甚至部分超过世界水平。例如汽油的主要杂质硫含量规定从国Ⅲ标准的 150mg/kg 降低到国Ⅳ标准的 50mg/kg、再降低到国Ⅴ标准的 10mg/kg，硫含量降低了93.3%，已经达到国际最先进水平。柴油硫含量也是如此，已经从低硫柴油变化为超低硫柴油。烯烃和芳烃含量等指标也已接近或达到国际先进水平，柴油多环芳烃含量国Ⅴ标准≯11%，国Ⅵ标准≯7%，略低于欧盟≯8%标准。

对于燃油环境质量水平，有关研究表明，机动车排放所形成的 PM2.5 是城市大气雾霾的主要贡献者之一，也是油品尾气排放对大气环境影响的一个核心问题，这是深层次分析我国燃油环境质量水平的主要着眼点。前几年一般认为机动车排放大致占到总排放量的 25%~30% 比例，2014—2015 年北京和上海公布的本地污染物排放比例数据分析都证明了这一点（见表4）[3]，表中几个分项中机动车排放占到了主要地位，甚至超过燃煤，但这仅仅针对大城市的情况。实际已经证明，机动车排放情况是一个动态体系，我国地域广阔，随着一年四季的变化，不同的地区不同的季节尤其在秋、冬季大气污染情况差别很大。表4 数据主要是针对 2014/2015 年前情况发表的评价数据，是城市污染排放的热力学概念。当时我国汽油主要执行国Ⅲ标准，2014 年起才全面执行国Ⅳ汽油标准，2015 年起，全面执行国Ⅳ柴油标准，因此表4 数据反映的主要是使用国Ⅲ标准油品情况。可以预见，当全国汽柴油质量标准从 2017 年起已经由国Ⅳ标准全面向国Ⅴ标准提升以后，以及京津冀及周边地区"2+26"城市于 2017 年 9 月底前全部供应符合国Ⅵ标准的车用汽柴油以后，由于油品质量已经接近、达到国际最先进水平，机动车排放对城市大气环境影响将有重大的改善。以油品中硫元素的影响为例进行初步分析，由于油品硫含量大幅度降低到小于 10mg/kg（部分地区实际为 5 mg/kg 左右，见表62、表63），尾气排放中硫对大气所造成的影响将大为下降。最近发布的中德两国环境科学家研究结果表明，硫酸盐是我国北京及华北地区大气重污染形成的主要驱动因素。在绝对贡献上，重污染期间硫酸盐在大气细颗粒物 PM2.5 中的质量占比可达 20%，是占比最高的单体；在相对趋势上，随着 PM2.5 污染程度上升，硫酸盐是 PM2.5 中相对比例上升最快的成分（中德研究人员宣布破解北京及华北地区重度雾霾中主要成分形成之谜，新华网，2016-12-22）。因此仅从油品硫含量大幅度降低这一点而言，车辆尾气排放对我国城市大气污染情况以及所形成的 PM2.5 对大气雾霾的贡献程度必将有大幅度降低。

8

表 4 北京、上海本地污染物排放比例 %

| 项　　目 | 北京(2014 年) | 上海(2015 年) |
|---|---|---|
| 机动车 | 31.0 | 29.2 |
| 燃　煤 | 22.4 | 13.5 |
| 以煤为原料的工业 | | 28.9 |
| 餐饮、建筑、涂装 | 14.1 | |
| 扬　尘 | 14.3 | 13.4 |
| 工　业 | 18.1 | |
| 其　他 | | 15.0 |

注：北京市数据为 2014 年 4 月 16 日北京市环保局发布，上海市数据为 2015 年 1 月 8 日上海市环保局发布。当时我国主要使用国Ⅲ标准油品。

此外，根据环保部门提供的最新数据表明，近年来，无论是地面监测数据还是卫星遥感结果，都表明我国大气中二氧化硫浓度总体呈明显的下降趋势。北京地区空气中的二氧化硫含量在 10 年前就已经达标，重金属浓度值也有了大幅度下降。2000 年以来，北京市年均二氧化硫浓度总体呈下降趋势，尤其是 2007 年起，下降趋势更为明显。2014 年与 2000 年相比，二氧化硫年均浓度累计降低 69%左右。截至 2015 年 12 月 29 日，北京市二氧化硫累计平均浓度为 13.4μg/m³，比 2014 年同比下降 38.5%(北京青年报 2015-12-30)。多年来大气中二氧化硫年均浓度持续下降，主要得益于调整优化能源结构，不断推进清洁能源替代燃煤。加上近年来我国使用了超低硫清洁油品和北方地区"以气代煤"工程的协同效应，可以预见今后我国大气中二氧化硫浓度总体还将呈明显的下降趋势。此外，有关大气中重金属浓度值有大幅度下降的事实主要指的是大气中钒元素浓度的变化。如果有大量高硫石油焦被用作燃料，由于高硫石油焦一般含有较多的金属钒(如弹丸焦钒含量范围在 600μg/g 至 1900μg/g)，大气中钒元素浓度应该快速增加。实际检测结果显示，近年来，我国大气中的钒元素浓度与以往检测结果基本一致，并没有增加，说明目前我国高硫石油焦用于燃料用途的数量是非常有限的，也没有明显的增加，和燃煤对大气污染的贡献比较是微不足道的，也说明石油焦并不是产生雾霾的罪魁祸首(中国青年报，2017-01-05)。

2018 年 5 月 14 日，北京市发布了新一轮的细颗粒物(PM2.5)来源解析最新研究成果报告(新华每日电讯，2018-05-15，第 5 版)。研究表明，北京市全年 PM2.5 主要来源中本地排放占三分之二，区域传输占三分之一，2017 年 PM2.5 年均浓度 58μg/m³ 中区域传输贡献约为 20μg/m³。随着污染级别增大，区域传输贡献上升，在重污染日区域传输比例达到占 55%～75%。从北京市当前本地大气 PM2.5 来源特征看，移动源贡献占比最大达 45%。

此次研究的主要结论表明，北京市现阶段本地排放贡献中，移动源、扬尘源、工业源、生活面源和燃煤源等，移动源分别占45%（相应2014年数据为31.0%，见表4，以下同）、扬尘源占16%（2014年14.3%）、工业源占12%（2014年18.1%）、生活面源占12%（2014年14.1%）和燃煤源占3%（2014年22.4%），农业及自然源等其他约占12%，移动源贡献有所增加，其中在京行驶的重型柴油车贡献最大，扬尘源中建筑施工和道路扬尘并重，工业源中石油化工、汽车工业和印刷等排放挥发性有机物工业行业的贡献较为突出，生活面源中生活溶剂使用等约占四成，而燃煤源只有3%，下降比例最大，详见图2。

北京市新一轮的细颗粒物（PM2.5）来源解析最新研究成果报告中提到了区域传输贡献绝对值有所增加。区域传输占比例26%~42%，约三分之一左右，且随着污染级别的增大，区域传输贡献呈明显上升趋势，中度污染日（PM2.5日均浓度在115~150μg/m³之间）区域传输占34%~50%，重污染日（PM2.5日均浓度>150μg/m³）区域传输占55%~75%。这反映了冬、春二季实际情况和华东、上海的具体情况。可见图3。

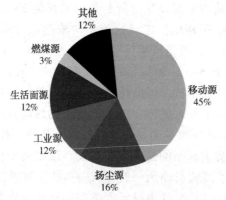

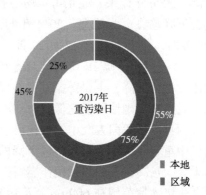

图2　现阶段北京市大气
PM2.5本地来源（2018-05-14）

图3　2017年北京市重污染日大气
PM2.5本地和区域贡献

总之，北京案例中各主要源对PM2.5的绝对浓度贡献有全面明显下降趋势，本地源呈现"两升两降一凸显"，其特点：

第一，本地排放来源贡献发生较大变化。首先，各主要源对PM2.5的绝对浓度贡献有全面明显下降，燃煤源下降幅度最为显著；其次，PM2.5各主要来源占比呈现"两升两降一凸显"特征，即移动源、扬尘源贡献率上升，燃煤和工业源贡献率下降，生活面源贡献率进一步凸显。

第二，本地排放中移动源独大，占比明显上升。在全年不同时段及空间范围内，移动源均是本地大气PM2.5的第一大来源。本地排放中移动源占比高达

45%，是上一轮解析结果（占比 31.1%）的 1.4 倍。在油品质量不断上升、改善前提下还出现这个问题值得引起我们高度重视，重点是机动车的车况和车辆排放标准应和油品质量升级换代速度同步跟上。

第三，不同区域及时间段来源有所差异。从不同区域上看，北京南部边界燃煤、城区机动车及交通站点扬尘特征最为显著。从不同时间段来看，移动源均是最大的来源，而硫酸盐主要受区域燃煤传输影响。

第四，区域传输贡献有所增加。从全年平均来看，区域传输对 PM2.5 年贡献率为 34%±8%，与上一轮源解析结果（32%±4%）相比略有增加。从重污染日贡献来看，重污染日区域传输贡献率为 55%~75%，与上一轮源解析结果相比明显上升。区域污染传输存在传输通道，其中，北京南部（尤其沿太行山一线）、东部传输通道贡献更高。

相对上一轮 2014 年来源解析（可参考表 4），本次研究成果报告在技术方法和手段、基础数据量及解析结果的精细化等方面均有提升。特别是在年均解析结果上，在时间、空间维度上进一步开展了不同情景的解析，并获得了更详细、更有针对性的行业贡献。有关数据是详实可靠，结论是可信的。

2018 年 5 月 16 日，北京市环保局发布了《2017 年北京市环境状况公报》（新华每日电讯，2018-05-17），对 2017 年全市环境状况进行了总结和回顾。《公报》指出，2017 年是《北京市 2013~2017 年清洁空气行动计划》的收官之年，通过五年的治理，全市空气质量实现持续改善，2017 年全市细颗粒物（PM2.5）年均浓度为 58μg/m³，完成国家"大气十条"目标任务。

2017 年，北京市环境空气中主要污染物年平均浓度全面下降，PM2.5 年平均浓度值为 58μg/m³，比 2013 年下降 35.6%；二氧化硫（$SO_2$）、二氧化氮（$NO_2$）和可吸入颗粒物（PM10）年平均浓度值分别为 8μg/m³、46μg/m³ 和 84μg/m³，同比分别下降 20.0%、4.2% 和 8.7%。一氧化碳（CO）24 小时平均第 95 百分位浓度值为 2.1mg/m³，同比下降 34.4%；臭氧（$O_3$）日最大 8 小时滑动平均第 90 百分位浓度值为 193μg/m³，同比下降 3.0%。

2017 年，全市空气质量达标天数为 226 天，达标天数比例为 62.1%，达标天数比上年增加 28 天，比 2013 年增加 50 天；空气重污染天数为 23 天，比上年减少 16 天，比 2013 年减少 35 天。

北京市非常重视对在运行车辆车况方面的管理。重点是：聚焦重型柴油车，报废转出老旧机动车 49.6 万辆，使用两年以上的 9000 余辆出租车全部更换三元催化器，公交、环卫等 8 个行业新增的 9000 余辆重型柴油车全部安装颗粒捕集器。率先完成普通柴油和车用柴油并轨，全部供应国Ⅵ标准车用汽柴油，实施国Ⅰ国Ⅱ标准轻型汽油车限行，部分高排放载货汽车六环路以内禁行，划定禁止使用高排放非道路移动机械区域。汽柴油质量升级主要推动力是可以有效改善机动车尾气排放,从而达到保护大气环境的目的。经过测试表明,只要更换使用符合国 V 标准的汽油,降低其中硫、锰和烯烃含量以后,即使车辆本身不作任何改造,尾气中的有关污染物排放也将减少 10% 左右。这一点目前对一些沿海大城市的影响已开始显现。这些城市在一年中造成大气重雾霾的原因中输入型污染已经占主要地位。正常天气情况在有利的城市主导风向和扩散条件下,这些城市大气状况一直可保持在良好水平,上海 2016 年夏、秋季已经有连续 50 多天空气质量为优良水平,这么长的一段时间内,城市车辆尾气排放的数量和质量情况应该不会有太大变化,只是在秋、冬季城市在吹北风、西北风和西风时输入型污染占到主要地位同时加上不利的扩散情况下才会出现严重雾霾天气,这说明油品质量升级换代以后对改善大气环境尤其是城市大气环境肯定是有重大帮助的。总之在我国治理大气雾霾过程中油品质量升级换代的作用将是肯定的,尤其对于大/中型城市、特别是对北京、上海、广州等特大城市的大气环境的改善将起到十分重要的作用。国家在某些特定区域内以及在全国提前实施国 VI 标准油品的措施是十分正确和及时的,但要进一步发挥油品质量升级的作用,就不仅是要提高车用汽油质量标准,也要重视提高车用柴油质量标准,更要十分重视淘汰老旧车辆、提高运行车辆排放标准的工作。

# 2 制定和实施符合国情、赶超世界水平的汽柴油标准

## 2.1 制定符合国情、赶超世界水平的汽、柴油标准的最终目的

制定和实施符合国情、赶超世界水平的汽、柴油标准是当前我国炼油工业清洁油品生产和发展最重要的基础工作之一，其最终目的在于改善车辆尾气排放和对大气环境的影响，为社会提供高清洁度、高能效的清洁能源。

前已指出，中国政府决定全国供应国V标准车用汽柴油的时间由原定2018年1月提前至2017年1月实施。在2017年初，国家环保部等4部门和北京、天津、河北等6省市发布《京津冀及周边地区2017年大气污染防治工作方案》，要求"2+26"城市于2017年9月底前全部供应符合国Ⅵ标准的车用汽柴油。也就是讲，国Ⅵ标准油品将突破过去国家标准在全国统一实施的惯例，提前到2017年10月1日起在我国大气污染最严重的这个地区实施，说明了中国政府治理大气污染的决心和我国炼油工业已经具备生产高质量水平的油品的条件。2018年4月初，中国石化提出从2018年10月起出厂车用汽、柴油将全部达到国Ⅵ标准，2020年，中国船用燃料油硫含量从3.50%降至0.50%，预计可减少二氧化硫排放130万吨/年。中国石化出厂汽柴油标准升级以后，势必加速推动全国汽柴油质量全部达到国Ⅵ标准，估计中国石油的油品升级工作困难不大，需要努力的是一些民营炼厂（主要在山东、浙江、广东、辽宁等地）的油品升级工作要抓紧，不能到了2018年年底出现一个地区同时销售二种不同标准、不同价格的油品，从而造成市场出现混乱的局面。如果市场上同时存在国V和国Ⅵ二种标准的油品，估计国V油品价格又可能低于国Ⅵ油品，到时大家都抢购国V油品，对生产优质国Ⅵ油品的国有企业讲是不利的。前几年，我国东北某省出现过类似问题不应再重现。

实际上，近年来我国已经强化在包括从全国范围内和几个重点城市（北京、上海、广州）和其他一些有条件地区进行大气质量在线连续取样分析和研究，这种研究是和油品升级换代和车辆排放直接进行关联后就可以得到油品升级换代实

际效果的最直接和最有说服力的数据，为今后油品质量进一步升级换代提供最有力的科技支持和方向。

油品质量升级换代的目的在于改善车辆的尾气排放和对大气环境的影响，每一次油品升级换代以后的效果如何？需要有一定时间（2~3年）作为"效果观察期"来观察分析汽、柴油等每升一级后对车辆排放和对大气污染改善到底有多大影响，起到多少作用？尤其是摸清2017年初执行国Ⅴ燃油标准以及2017年10月起在我国大气污染最严重的京津冀及周边地区"2+26"城市提前实施国Ⅵ标准车用汽柴油，率先完成城市车用柴油和普通柴油并轨，禁止销售普通柴油的措施后所起到的具体效果，同时对于寻找分析出影响我国大气污染的主要原因也会有很大帮助，这方面北京市先走了一步。

对此，国家有关部门（发改委、环保部等）及相应的重点研究单位应重点予以关注和研究。实际上每从国家公布新一代油品标准到具体实施时间之间有一段几年的准备时间，期间炼油工业可以通过技术进步、技术改造等措施来为保质、保量提供新标准油品做好充分的准备，汽车工业也可以按照新排放标准提供新型车辆和车辆的升级改造，二者达到同步协同发展和提高。

从目前实际情况分析，机动车国家排放标准今后还有可能会制定两个阶段即第六、第七阶段排放标准，可以预判今后在2018年起到2028年前后，我国至少还有二次提升油品质量的机会，其中包括允许大石油公司发布不低于国家强制标准的企业标准，从而进一步推动国产油品的质量的进一步提升。

前面已经初步分析到，今后我国油品质量升级思路将从限制杂质为主阶段进入到优化油品的烃族组成和馏分分布为主的阶段，这也是当前油品质量升级一种国际趋势。汽油标准将主要是限制其中烯烃/芳烃含量，柴油主要是限制多环芳烃含量（注：柴油硫含量仍维持在10mg/kg以下，一般不使用绝对无硫的柴油作为燃料，柴油机是一种压燃式内燃机，对柴油燃料的油性/润滑性规格是有一定要求的，国Ⅵ柴油标准磨痕直径要求≯460μm。北欧一些国家曾经使用过油性很差的无硫柴油，导致出现设备快速磨损、过度磨损和发动机损坏的情况，除非事先向柴油中另添加油性添加剂），至于馏程、蒸气压、密度等项指标的修正和优化从技术角度分析应该难度不大。

表5和表6是已经公布执行或即将执行的国Ⅵ车用汽油和国Ⅵ车用柴油标准，以及京Ⅵ汽柴油标准主要指标（国Ⅵ车用汽油又分为国ⅥA和国ⅥB）。

国Ⅵ标准车用汽油质量的主要特点：

（1）进一步降低烯烃含量。体积含量由国Ⅴ标准的≯24%降低到国ⅥA标准的≯18%（2019年1月1日起全国实行）和国ⅥB标准的≯15%（2023年1月1日起实行）。

（2）进一步降低芳烃含量。体积含量由国Ⅴ标准的≯40%降低到国Ⅵ标准的≯35%。

（3）进一步降低苯含量。体积含量由国Ⅴ标准的≯1%降低到国Ⅵ标准的≯0.8%。

（4）加严汽油馏程50%点蒸发温度限值，由国Ⅴ标准的120℃降低到国Ⅵ标准110℃。

国Ⅵ标准车用柴油质量的主要特点：

（1）进一步降低多环芳烃含量。体积含量由国Ⅴ标准的≯11%降低到国Ⅵ标准的≯7%。比欧盟标准≯8%还要严。

（2）新增总污染物含量指标，要求不大于24μg/g。

（3）调整车用柴油的密度、闪点等指标，国Ⅵ标准柴油收紧了密度的上限指标。

**表5　国Ⅵ/京Ⅵ车用汽油主要指标**

| 项　　目 | 国Ⅴ标准 | 国ⅥA① | 国ⅥB | 京Ⅵ汽油② |
|---|---|---|---|---|
| 蒸气压/kPa<br>冬季 | 45~85 | 45~85(11.1~4.30) | 45~85(11.1~4.30) | 45~70(3.16~5.14)<br>45~70(9.1~11.14)<br>47~80(11.15~3.15) |
| 夏季 | 40~65 | 40~65(5.1~10.31) | 40~65(5.1~10.31) | 42~62/(5.15~8.31) |
| 馏程/℃　$T_{50}$ | ≯120 | ≯110 | ≯110 | ≯110 |
| $T_{90}$ | ≯190 | ≯190 | ≯190 | ≯190 |
| 硫含量/(μg/g) | ≯10 | ≯10 | ≯10 | ≯10 |
| 烯烃含量(体积分数)/% | ≯24 | ≯18 | ≯15 | ≯15 |
| 芳烃含量(体积分数)/% | ≯40 | ≯35 | ≯35 | ≯35 |
| 苯含量(体积分数)/% | ≯1.0 | ≯0.8 | ≯0.8 | ≯0.8 |

①与欧洲标准接轨。

②京Ⅵ汽油地方标准(DB11/238—2016)，2017年1月1日起实施。

**表6　国Ⅵ/京Ⅵ车用柴油主要指标**

| 项　　目 | 国Ⅴ标准 | 国Ⅵ① | 京Ⅵ柴油② |
|---|---|---|---|
| 硫含量/(μg/g) | ≯10 | ≯10 | ≯10 |
| 馏程/℃　$T_{50}$ | ≯300 | ≯300 | ≯300 |

续表

| 项 目 | 国V标准 | 国VI[①] | 京VI柴油[②] |
|---|---|---|---|
| 多环芳烃含量(体积分数)/% | ≥11 | ≥7 | ≥7 |
| 总污染物含量[③]/(μg/g) | — | ≥24 | ≥24 |
| 密度(20℃)/(kg/m³) | 810~850/790~840 | 810~845/790~840 | 820~845/800~840 |

① 与欧洲标准接轨。
② 京VI柴油地方标准(DB 11/239—2016),这项标准于2017年1月1日起实施。
③ 国VI柴油有总污染物含量≥24μg/g的规定指标,国V标准和京VI柴油标准没有此项规定。

上述京VI汽柴油标准虽然是地方标准,但比国VI标准又进了一步,这种做法是值得提倡的,世界上许多国家的国家标准属于强制性标准,但允许存在地方标准和企业标准,后者不能低于国家标准。

京VI汽油标准主要变化有:

——修改烯烃含量为"不大于15%(体积分数)";

——将"烯烃+芳烃含量为不大于60%(体积分数)"修改为"芳烃含量为不大于35%(体积分数)";

——修改蒸气压为"从3月16日至5月14日45~70kPa、从5月15日至8月31日42~62kPa、从9月1日至11月14日45~70kPa、从11月15日至3月15日47~80kPa";

——修改馏程50%蒸发温度为"不高于110℃"。

京VI柴油标准主要变化有:

——修改范围为"本标准适用于压燃式柴油发动机汽车使用的、由石油制取、煤制取或加有改善使用性能添加剂的车用柴油,也适用于以生物柴油作为调合组分的B5车用柴油";

——修改多环芳烃含量为"不大于7%(质量分数)";

——修改密度(20℃)为"5号、0号、-10号为820~845kg/m³,-20号、-35号为800~840kg/m³";

——修改运动黏度(20℃)为"5号、0号为2.5~7.5 mm²/s,-10号、-20号为2.0~7.5mm²/s,-35号为1.5~6.5mm²/s";

——修改闪点(闭口)为"5号、0号、-10号为不低于60℃,-20号、-35号为不低于55℃";

——增加5.3"本市销售的车用柴油中应加入标称剂量以上的符合GB/T 32859要求的柴油清净剂"。

总之,京VI汽柴油标准的特点是进一步优化油品的烃族组成,从而对减少车辆排放有重大促进作用,但同时对炼油生产提出了重大要求。以京VI车用汽油为例，如果其烯烃含量进一步降低到 15%，在汽油总产量和催化汽油烯烃含量维持不变的前提下，催化汽油在汽油池中的调入量将受到限制，同时要增加其余汽油组分的数量，炼厂全厂物料平衡和总流程都将产生大的变化，对炼厂造成的影响将是十分巨大的。炼厂要抓紧研究生产低烯烃含量的催化汽油和进一步开展催化汽油的脱硫降烯烃工作，意味着要完成整个油品的升级换代工作，需要大量的投资来新建和改造一批炼油装置，同时也带来油品成本的提升。以中国石化为例，从 2000 年到 2016 年的 16 年间已累计向炼油部分投资近 3000 亿元，其中大多用于油品的质量升级，在 2018 年 10 月以前中国石化还将有镇海石化、天津石化、齐鲁石化等 10 套新建大型烷基化装置投产，这对于国Ⅵ清洁汽油赶超世界先进水平具有重要意义(中国石化报，2018-01-09，第 5 版)。

提出制定符合我国国情的油品标准一个重要的原因是从历史上分析我国油品构成和西方差别一直很大。以汽油为例，西方国家汽油池中高辛烷值组分主要是重整油和烷基化油(二者比例和占到 50%以上)，催化汽油次之(30%)。我国生产的汽油中情况正相反，催化汽油占很大比例(70%以上)，重整油和烷基化油极少，如 1998 年中国石化车用汽油平均构成中，催化裂化汽油占 85.05%，重整汽油占 5.68%，烷基化油占 0.02%，直馏汽油占 3.65%，加氢汽油占 2.23%，焦化汽油占 0.10%，芳烃占 0.44%，MTBE 及其他占 2.83%，对应所生产的汽油芳烃含量为 11%，烯烃含量 43%，硫含量 $500\mu g/g$，苯含量 0.84%。也就是我国传统汽油组成中特点是含烯烃多、芳烃少。以上提到的催化汽油组分中轻烯烃含量较高约占 40%左右，这些轻烯烃既是高辛烷值载体又是造成大气污染的主要原因(见附录一[4])。

表 7 是近年来国产汽油的组分情况(1991~2010 年)。表 8 是我国汽油调合组分和国外比较情况[5]。应注意到近年来国产汽油组分情况有重大变化，2010 年开始大量使用脱硫后催化汽油和重整汽油，脱硫催化汽油的数量几乎和催化汽油相同，二者之和占到汽油总量的 70%，和过去的催化汽油加入比例相比略有下降，重整汽油加入比例有所上升占到近五分之一。烷基化油加入比例今后将随着一批新烷基化装置的建设投产而有所增加。

表 7　我国汽油组分构成（1991～2010 年）　　　　　　　　　　%

| 组　　分 | 1991 年 | 1999 年 | 2006 年 | 2009 年 | 2010 年 |
|---|---|---|---|---|---|
| 直馏汽油 | 16.9 | 1.3 | 0.3 | 1.1 | |
| 催化汽油 | 71.1 | 86.8 | 74.8 | 73.8 | 37.9 |
| 重整汽油 | 4.4 | 6.0 | 15.2 | 16.4 | 20.2 |
| 烷基化油 | 1.0 | 0 | 0.4 | 0.4 | |

续表

| 组　分 | 1991 年 | 1999 年 | 2006 年 | 2009 年 | 2010 年 |
|---|---|---|---|---|---|
| 加氢精制汽油 | 4.3 | 2.3 | | | |
| 脱硫催化汽油 | | | 2.1 | | 31.5 |
| 焦化热裂化汽油 | 0.6 | 0.1 | | | |
| 芳烃类 | 0.3 | 0.5 | 0.7 | | |
| 醚类 | 1.4 | 3.0 | 2.8 | 2.0 | 4.9 |
| 其他 | | | 3.7 | 6.4 | 5.6 |
| 无铅汽油比例 | 54.2 | 100 | 100 | 100 | 100 |

表8　我国汽油池组分平均构成　　　　　　　　　%

| 组　分 | 中国石化(1995 年) | 中国(1997 年) | 美国(1995 年) | 欧洲(1995 年) |
|---|---|---|---|---|
| 直馏汽油 | 19.7 | 11.1 | | 3.0 |
| 催化裂化汽油 | 71.9 | 78.9 | 34.5 | 35.0 |
| 重整汽油 | 3.0 | 5.4 | 33.5 | 38.0 |
| 烷基化油 | 1.0 | 0.2 | 12.5 | 7.0 |
| 异构化油 | | | 10.0 | 3.0 |
| 加氢(裂解)汽油 | 1.2 | 1.0 | 1.5 | |
| 焦化热裂化汽油 | 1.6 | 0.3 | | |
| 芳烃类 | | 0.8 | | |
| 正丁烷 | | | 5.5 | 9.0 |
| MTBE | | | 5.5 | 9.0 |
| 其他 | 1.6 | | | 5.0 |
| 合计 | 100.0 | 100.0 | 100.0 | 100.0 |

　　我国早期催化重整产品方案主要是以生产轻芳烃为主，只有较少一部分产品用于生产车用汽油，汽油池中重整汽油比例低于西方发达国家(见表8)，所以在今后相当长一段时间内我国普通清洁汽油生产中实际芳烃含量一项指标估计应该不成为太大问题。制定清洁汽油国家标准的核心问题应是指烯烃含量要求多少才算是既先进又符合国情？因为欧洲、美国、日本的燃油标准实际规定也是不同的。如表9所示，汽油标准中的烯烃含量美国联邦、日本和世界燃油规范等都是≮10%，但美国各州也是可以有不同的燃油标准，以加州最严，烯烃含量最高值是4%，欧盟 EN228 烯烃含量是≮18%，我国"京Ⅵ"标准参照西方标准，把烯烃数值由≮24%降低到15%。仅就汽油本身的组成而言，不同烯烃含量的汽油在发动机中燃烧得到的尾气排放是不同的，同时还和汽油中其他存在的组分有关，如

汽油中的芳烃含量、含氧化物含量等，进一步细化后不同的烯烃含量还可以分为轻烯烃和重烯烃，不同的芳烃如甲苯、二甲苯和三甲苯等在台架试验得到的尾气成分也是有差别的，再加上发动机影响，影响尾气排放因素十分复杂。

表9列出国内、外清洁汽油的烯烃、芳烃含量数据。对于清洁汽油标准的制定过程中硫含量是首先要求下降的指标，目前情况大部分标准已达到≥10μg/g，我国国V/Ⅵ清洁汽油也已达到这个水平(实际出厂水平更低，有的炼厂平均值最高为4μg/g，见表62、表63)。估计以后，汽油标准中的烯烃和芳烃含量可有进一步降低，大部分标准中规定允许芳烃含量比烯烃含量要高一些，实际上既取决于环保要求还取决于各国汽油组分实际情况。以美国(RFG)和日本最高，日本清洁汽油芳烃/烯烃比为4.2，我国和欧盟处于相对低的水平，我国汽油标准中的芳烃/烯烃比为1.64~1.97。当然这并不意味芳烃对尾气污染的贡献小于烯烃，而很大程度上和不同国家炼厂的总流程以及汽油池中各汽油组分高低有关。总的来讲，我国汽油烯烃和芳烃含量还存在进一步降低的可能(见附录二[56])。

同时我国幅员辽阔，各地不同地区有不同的能源结构，大气污染严重程度和污染形成机理也是不同的(如冬季取暖方式北方和南方差别就很大)，允许大气污染的环境容量也有很大差别，从系统工程优化角度分析，应该允许存在不同的当地油品最佳标准。当前在全国已经统一执行较为先进的国V标准情况下，从管理角度出发今后国Ⅵ强制性国家标准还需要全国统一执行，再进一步升级到国Ⅶ标准时需要考虑讨论适合各个不同地区的当地油品最佳标准问题。

表9　国内、外清洁汽油烯烃、芳烃含量　　　　　　　　　　%

| 项　　目 | 烯烃含量 | 芳烃含量 | 烯烃+芳烃和 | 芳烃/烯烃比 | 实施年份 |
|---|---|---|---|---|---|
| 美国联邦22州(RFG) | ≥10 | ≥25~30 | ≥35~40 | 2.5~3.0 | 2000 |
| 美国联邦22州(RFG) | ≥6~10 | ≥25 | ≥31~35 | 2.5~4.2 | 2004~2006 |
| 美国加州(RFG) | ≥4 | ≥22 | ≥26 | 5.5 | 2003 |
| 欧盟 EN228 | ≥18 | ≥42 | ≥60 | 2.3 | 2000 |
| 欧盟 EN228 | ≥18 | ≥35 | ≥53 | 1.94 | 2005 |
| 欧盟 EN228 | ≥18 | ≥25 | ≥43 | 1.39 | 2010 |
| 日本清洁汽油 | ≥10 | ≥42 | ≥52 | 4.2 | 2000 |
| 日本清洁汽油 | ≥10 | ≥42 | ≥52 | 4.2 | 2005 |
| 世界燃油规范-3类 | ≥10 | ≥35 | ≥45 | 3.5 | 2006-09 |
| 世界燃油规范-4类 | ≥10 | ≥35 | ≥45 | 3.5 | 2006-09 |
| 国V清洁汽油 | ≥24 | ≥40 | ≥64 | 1.67 | 2017-01 |
| 国ⅥA清洁汽油 | ≥18 | ≥35 | ≥53 | 1.94 | 2017-10 |

京津冀地区是目前中国空气污染最重的地区，其空气污染物排放强度是全中国平均的 3.3~5 倍，已远超大气环境容量，并存在一个大气污染传输通道的"2+26"城市群，对该地区执行严格一些的燃油标准是有道理的，也是刻不容缓的。前已指出，2017 年国家环保部等 4 部门和北京、天津、河北等 6 省市发布《京津冀及周边地区 2017 年大气污染防治工作方案》中，要求"2+26"城市于当年 9 月底前全部供应符合国Ⅵ标准的车用汽柴油，率先完成城市车用柴油和普通柴油并轨，禁止销售普通柴油等措施是非常科学和实事求是的。如根据已公布资料，2016 年年底包括京津冀 17 个省市在内的全国大面积地区产生雾霾的面积达到 152 万平方公里，占到整个国土面积的 15.5%，其中产生重度雾霾面积 58 万平方公里，占 6.04%。从大气污染角度出发，对那些大气污染严重的地区先行执行更严格的燃油标准可能更合理一些，其余占 80% 以上国土的地区从 2018 年初开始也将执行国Ⅴ燃油标准，这些地方如长三角、珠三角沿海沿江地区和长江以南的南方地区、西北一些地区等污染相对较轻，有些主要是输入性污染地区，其燃油质量升级以后，应加强在全面推广使用国Ⅵ燃油标准的汽柴油以后相关汽车尾气排放和大气污染的研究工作，再根据具体变化情况来规划和制定今后该地区油品质量的升级换代工作。

制定符合国情的油品标准是我国当前一个十分重要的中长期任务。前已指出，今后在 2018~2028 年前后，我国可能至少还有二次提升油品质量的机会（包括国Ⅵ车用汽柴油标准在内）。期间需要我们进行大量外部环境的调查研究工作，主要有三个方面；一个是注意期间我国能源结构的变化和优化后对大气环境造成的影响，包括民用天然气广泛使用（以气代煤）以后产生的正面影响在内。一个是新能源汽车推广使用和车辆排放标准升级同步后产生的影响。另一个是乙醇汽油的推广使用所带来的系列影响，有关醇类汽油本书将在专门章节讨论。

"十三五"期间我国能源结构将有重大的变化，这将是我国治理大气污染的重要推动力。最重要的一点，就是以气代煤工程的实现。与煤炭、石油相比，天然气具有热值高、清洁环保的优势，能减少近 100% 二氧化硫和粉尘排放量，减少 60% 二氧化碳排放量和 50% 氮氧化合物排放量。开发潜力极大的天然气已成为现代能源结构中重要的组成部分。2018 年全国能源消费总量控制在 45.5 亿吨标准煤左右，其中非化石能源消费比重提高到 14.3% 左右，天然气消费比重提高到 7.5% 左右，煤炭消费比重下降到 59% 左右，2020 年有望进一步下降到 58.2%（2016 年国内外油气行业发展报告，中国石油经济技术研究院发布）。同时，天然气比例将有进一步提高，2015 年中国天然气需求已达到 2300 亿立方米左右。在一次能源结构中天然气需求占比从 2014 年的 6% 左右攀升至 10% 以上，到 2030 年有望进一步提升至 11%~13%。低硫、清洁的天然气成分主要是甲烷，不含硫、烯烃和芳烃，民用天然气的广泛使用后将极大地压缩"散煤"的使用及所带来的不利的环境影响。在我国北方地区，冬季取暖也正在加快推广"以气代煤"和电取暖工程，在这个过程中如何保证冬季天然气供应是当前能源结构调整中的一个重大问题。2017 年冬季供暖季节，因天然气供需紧张导致我国北方一些地区出现了限气、停气现象，河北，山西、山东、河南、陕西等地都出现天然气供应紧张的情况，成为人们关注的焦点民生话题。对此，有关提高和建立天然气稳定供应长效机制，尤其是冬季民用天然气供应问题应该由国家和相关能源部门作为一件重大事情去解决好。

"十三五"期间我国改善和压缩车辆尾气排放还可以有多种途径，其一就是广泛使用新能源和石油替代能源。对石油消费影响巨大的是天然气（包括 LNG）和电动新能源汽车等。如根据 2015 年全国规划实现 2%公路营运车辆如改用 LNG 作燃料的话，总数将超过 20 万辆车辆，LNG 需求约 150 亿立方米（1110 万吨天然气），2020 年有望进一步超过 50 万辆，LNG 需求将超过 300 亿立方米（约 2220 万吨天然气）。国内推广 LNG 车辆工作发展不平衡，一些大城市尤其是特大型城市如重庆、杭州和北京等做得比较好，由于天然气（包括 LNG）是一类清洁燃料，在城市公共交通和出租车行业中应该重视推广，这有利于提升城市大气污染治理的进度。预计 2020 年、2030 年全国将分别有 2000 万吨、5000 万吨以上汽柴油可能被替代燃料取代。从资源和经济角度分析，我国已经成为世界名列第三的开发页岩气生产大国，国产天然气数量和进口量近年来有长足的增加（注：由于中俄天然气采购协议等外购天然气合同的签订保障了我国相对稳定的天然气进口量，天然气对外依存度有望稳定在 35%～38%之间），当今国际 LNG 价格长期处于低价态势，这些都为交通运输业使用 LNG/天然气创造了一个良好的条件[6]。

油品质量升级应该与车辆排放标准升级同步、协调进行。

我国 2019 年 1 月 1 日在全国范围内实施先进的国 Ⅵ 汽柴油标准，我国油品质量上去了，但车况又是如何？2018 年两会的政府工作报告中提到了我国已淘汰黄标车和老旧车 2000 多万辆，并多次强调要加快建设制造强国，推动新能源汽车产业发展，但在现有保有的车辆中至今还有不达标的国Ⅰ、国Ⅱ、国Ⅲ车在全国各地大量使用，包括北京、上海、广州等特大型城市，具体数字也没有公布。这种好油不能在好车上用的情况已极大降低了油品质量升级起到的正面作用。因此和油品质量升级同步进行的车辆排放标准升级主要包含两个方面，一个方面是要加快和加大淘汰社会上现有的包括黄标车在内的落后车辆，另一方面就是抓紧实施车辆排放标准的升级换代。对于前者 2013 年 9 月国务院发布的《大气污染防治行动计划》实施细则中提出我国将通过采取划定禁行区域、经济补偿等方式，逐步淘汰黄标车和老旧车辆。近些年的政府工作报告一直在提淘汰黄标车和老旧车辆，自 2014 年开始至 2017 年的政府工作报告，每年都提出过"淘汰黄标车和老旧车"：2014 年提出淘汰黄标车和老旧车 600 万辆，2015 年提出年内全部淘汰 2005 年底前注册运营的黄标车，2016 年提出淘汰黄标车和老旧车 380 万辆，2017 年提出加快淘汰黄标车和老旧车但没有具体指标。"淘汰黄标车和老旧车"被视为"节能减排"的需要。环境保护部的《中国机动车环境管理年报（2017）》称，2016 年，按排放标准分类，国 II 及以下汽车保有量虽只有汽车保有总量的 12.8%，但其 CO、HC、$NO_x$、PM 排放占比，却分别达到汽车排放总量的 60.7%、60.6%、43.6%、67.1%，占比在 6 成以上。2016 年国内汽车保有量达 1.94 亿辆，据此可得到当年国 II 及以下汽车保有量应为 2483 万辆，是一个很大的数量。这些都说明油品质量升级应该和车辆排放标准升级同步、协调进行的重要性和迫切性，否则将极大影响到使用优质清洁油品所带来的正面效果。

《通知》提出 2017 年"基本淘汰全国范围的黄标车"，而未提出"老旧车"如何处理的问题，何谓"黄标车和老旧车"？这二者的定义，在不同级别、不同环境、不同地方、不同时代下是有区别的。环保部门的解释是：①黄标车，是指排放水平低于国 I 标准的汽油车和国 III 标准的柴油车。具体分为 7 类（此略）。②老旧车，是指使用时间较长、污染控制水平较差、未达到国 IV 标准的车辆，包括 5 类等。这两个定义的可操作性还是很强的，很多地方发布的有关文件引用了此定义，指环境保护办公厅《关于商请报送 2014 年黄标车和老旧车以及燃煤锅炉淘汰进展情况的函》（环办函[2014]894 号）。一般讲，黄标车由于尾气排放控制技术落后，尾气排放达不到国 I 标准，排放量相当于新车的 5~10 倍。因此环保部门只发放给黄色环保标志。2013 年 9 月国务院发布的《大气污染防治行动计划》实施细则中提出我国到 2017 年，基本完成全国范围内的黄标车淘汰工作，因此现在是政府有关部门就此问题进行澄清和说明的时候了。

"老旧车"如何处理涉及一部分人民群众的切身利益。有报道称，北京 2017 年还有近 40 万辆国 I、国 II 车，车龄基本在 10 年以上。北京市规定从 2017 年 2 月 15 日起，北京市及外埠的国 I、国 II 排放标准轻型汽油车，工作日内将禁止在五环路（不含）以内区域道路行驶。该政策实施后，将减少占轻型汽油车排放的氮氧化物排放量 15% 左右，减少挥发性有机物排放 12% 左右（新京报，2017-02-14）。北京的情况如此，其周边地区情况如何不容乐观。当北京及周边地区使用的油品质量已经达到国 VI 标准时候，而车辆性能却不能与之匹配，这样的反差必须要迅速扭转，其中固然有一定的技术问题，但主要是各级政府的决心和管理问题。

上海市是全国淘汰落后车辆比较先进的城市，2016 年 4 月公布的数据表明，该市仍有国 I 汽油车 1.6 万辆、国 II 汽油车 20.8 万辆、国 III 柴油货车 18.5 万辆，这些车辆仅占全市机动车总量的 14%，但其排放的 PM2.5、$NO_x$ 分别约占机动车排放总量的 60%、70%，其他城市相关情况可能不一样，据说我国南方城市深圳的做法比较先进。深圳拟定于 2018 年 7 月 1 日对轻型柴油车实施国Ⅵ排放标准，轻型汽油车 2019 年 1 月 1 日实施国Ⅵ排放标准，比国家环保部计划的轻型汽车国Ⅵ标准实施时间提前了整整两年（www. find800. cn 180812）。这个问题不解决，将严重影响到油品质量升级的效果。首先需要把情况摸清楚，到底现在还有多少黄标车和老旧车辆在路上运行。

随着汽车尾气污染的日益严重，汽车尾气排放立法势在必行，世界各国早在 20 世纪六七十年代就对汽车尾气排放建立了相应的法规制度，通过严格的法规推动了汽车排放控制技术的进步，而随着汽车排放控制技术的不断提高，又使更高标准的制订成为可能。与国外先进国家相比，我国汽车尾气排放法规起步较晚、水平较低，根据我国的实际情况，从八十年代初期开始采取了先易后难分阶段实施的具体方案，其具体实施至今主要分为五个阶段，也就是我们常说的国Ⅰ、国Ⅱ、国Ⅲ、国Ⅳ和国Ⅴ阶段，从表面上看和油品的升级换代有相似之处，但这几年我国炼油工业加大了投资和自主研发力度，用比较短的时间掌握了世界先进炼油技术并将油品质量赶上了国际先进水平，这对汽车尾气排放标准的提升无疑有重大的支撑和相互推动作用，有了优质油品，发动机排放标准升级则就有最基本的物质保证。

轻型车排放标准升级问题。

2016 年 12 月 23 日，环保部发布了轻型车排放"国Ⅵ标准"，"国Ⅵ标准"比"国Ⅴ标准"加严了 40%~50%，新的排放标准设置国ⅥA 和国ⅥB 两个排放限值方案，分别将于 2020 年 7 月 1 日和 2023 年 7 月 1 日起实施。当时已经看到对大气环境管理有特殊需求的重点区域可提前实施国Ⅵ排放限值。这意味着京津冀有望先于全国优先享用高要求标准。现在看来由于提前在 2019 年初全国将实施汽柴油国Ⅵ标准，环保部轻型车排放"国Ⅵ标准"也可能需要同步提前实施，我国某些城市如深圳已经有这方面的安排和考虑，如果一切顺利，深圳市国Ⅵ排放实施时间将比国家环保部制定的时间提前多年。已提前从 2019 年 1 月 1 日起实施轻型汽车国Ⅵ排放标准的省市有：深圳、广州、海南、杭州、北京、天津、河北、山东、河南共 9 省市。

实施国Ⅵ轻型车排放新标准的意义是：

（1）从以往跟随欧美机动车排放标准转变为大胆创新，首次实现引领世界标准制定，有助于我国汽车企业参与国际市场竞争，推动我国汽车产业发展。

（2）在我国汽车产能过剩的背景下，可以起到淘汰落后产能、引领产业升级的作用。

（3）能够满足重点地区为加快改善环境空气质量而加严汽车排放标准的要求。

实施国Ⅵ轻型车排放新标准的六大突破意义是：

（1）采用全球轻型车统一测试程序，有效减少实验室认证排放与实际使用排放的差距。

（2）引入实际行驶排放测试，改善了车辆在实际使用状态下的排放控制水平，有效防止实际排放超标的作弊行为。

（3）采用燃料中立原则，对柴油车的氮氧化物和汽油车的颗粒物不再设立较松限值。

（4）全面强化对挥发性有机物的排放控制。

（5）完善车辆诊断系统要求，增加永久故障代码存储要求以及防篡改措施，有效防止车辆在使用过程中超标排放。

（6）简化主管部门监督检查的规则和判定方法，使操作更具有可实施性。

综合以上各方面外部环境因素加上进一步和国际油品质量升级进程的协调配合，再根据当时国内大气环境保护客观情况的要求，就可以规划下一阶段的我国燃油系统质量升级工作，也就是国Ⅶ标准的推出。国Ⅶ标准制定应该有更多的自主创新的内容，由于起点已经很高，所以应该可以考虑更多的不平衡性，如国家强制标准和企业/地方标准的制定，中国石化、中国石油等大型石油公司和国际大石油公司一样应该有自己的品牌；根据实际需要公布执行汽柴油标准，也就是清洁汽油和清洁柴油标准可以不一定同时公布执行；最重要的是要重视清洁油品的高能效化，重视清洁柴油的质量提升和车用柴油轿车的推广等高能效化措施，即实现油品的高清洁化和高能效化并重等措施。

大气环境治理是一个系统工程，预计"十三五"期间，在各条战线的共同努力下，我国大气环境治理肯定有一个重大的进步，改善后的大气环境将达到一个新水平。

## 2.2　油品新标准的制定从模仿创新向自主创新过渡

制定清洁油品国家标准主要要考虑需要和可能两个方面，对于油品质量的需要方面，目前主要工作还是通过参照国际标准和经验，在国Ⅴ标准以前主要是向欧盟学习，当前制定国Ⅵ（第六阶段排放标准）标准讨论时有观点认为不能简单沿袭欧洲的标准体系，提出应参考美国，重点是美国加州的做法，提高到相应更高的排放要求（美国加州是全世界控制机动车排放最严格的地区之一）。当然不管是欧洲标准，还是美国标准，只要是适合我们国家实际情况的指标，我们都可以拿来借鉴。问题是世界上欧美各国有不同的排放标准，美国内部不同州的标准有的也不同，这种不统一说明了他们的标准不可能是完全都适合中国国情，需要制定适合国情的清洁油品质量标准是今后我国油品质量升级的一个重要方向。按照国际惯例，一个国家油品标准制定权通常由政府相关部门掌握，目前我国《大气污染防治法》条款中规定由国务院标准化主管部门制定燃油、石油焦、生物质燃料等含挥发性有机物产品的质量标准(相应国际标准化组织 ISO)，并要求国家机动车大气污染物排放标准与燃油质量标准应当相互衔接。目前实际做到的情况与此还有距离，一个主要原因是因为现在在讨论油品标准时基本上都是引用国外资料和数据，缺乏符合国情且具有中国特色的我国独立自主的研究成果和数据，包括大气环境方面的数据。

在欧洲和美国制定油品标准时他们进行了大量的数据采集分析和基础研究，投入了很大的科研力量，而且是由炼油企业、汽车生产商和环境保护部门联合进行的，结合他们国家国情由丰富的数据和科研成果来认证所制定的油品标准的针对性和合理性。美国是全世界汽油消费大国，美国对汽油质量的追求和汽油规格标准的演化反映了当今世界汽油质量水平情况，也影响到世界汽油的规格标准及其发展。美国、欧洲、日本等工业发达国家的石油工业和汽车工业及政府政策之间联合，对车辆、燃料、排放、环境、政策的相互关系进行一系列研究，取得显著成果。具有影响力的研究计划如：

(1) 美国空气质量改进研究计划(AQIRP)——1989 年由美国 3 家汽车公司和 14 家石油公司（它们分别是 GM、Ford、Chrysler、Texaco、UNOCAL、Marathon、BP、Chevron、AMOCO、Ashland、Shell、ARCO、Sunoco、Conoco、Mobil、Exxon 和 Phillips-66）与美国环保局合作，联合进行空气质量改进研究项目，内容包括燃料和汽车对排放的影响和空气质量改进的研究，历时 8 年，AQIRP 于 1997 年完成全部研究工作并提出最终报告。

(2) 欧洲排放、燃料和发动机技术计划(EPEFE)——1992 年由欧洲 14 家汽车公司和 18 家石油公司联合与政府三方参与，进行排放、燃料和发动机技术研究项目，为达到 2010 年有效保护人类健康和环境得空气质量标准所需措施的决策提供科学和技术基础。

(3) 日本清洁空气计划(JCAP)——就燃料和车辆技术对排放的影响展开联合研究，1997 年至 1998 年研究降低汽油车的排放，1999 年至 2001 年研究降低柴油车的排放。

这些研究计划在发动机内外净化的基础上，研究汽油和柴油的组成与性质对排放的影响，从而促进了世界范围内对车用汽油和柴油提出新的质量要求和规格标准的建议，最重要和最新的成果是提出严格限制汽油和柴油中的硫和芳烃含量，并提到立法日程上来。美国、欧洲和日本已经从石油工业和汽车工业的角度，为提供清洁燃料、新的更经济的发动机技术和更有效的尾气排放清洁系统而进行了大量的工作，取得显著成果。排放物已经大大减少，因而显著地改善了空气质量，如降低臭氧前身物–挥发性有机化合物、氮氧化物和毒物，降低温室效应的温室气体等。

近年来，国家油标委组织实施了国 V 标准燃油组成与排放达标验证研究，2012~2013 年，中国石化、中国石油、国家汽车质监中心、交通部公路试验场、欧洲中心实验室、丰田、大众、济南重汽检测中心承担国家"十二五"科技攻关课题《符合国 V 排放要求的汽柴油组成与排放的关系研究》，投入经费 3957 万元；进行了整车及发动机台架试验，试验车 25 部，30 个试验油样，其中汽油：烯烃 4.6%~23.5%，芳烃 17.4%~41.3%，硫含量 8.4~100μg/g；耐久性试验里程跑 16 万公里。试验判据是 GB 18352.5—2013《轻型汽车污染物排放限值及测量方法（国 V）》。试验表明，欧 V 车辆，使用烯烃含量小于 24%、芳烃含量小于 40%、硫含量小于 10μg/g 的汽油，能满足国 V 排放法规的要求。依此提出了国 V 汽油标准 GB 17930—2013《车用汽油》的技术指标[7]。当然上述联合达标验证研究和西方 AQIRP/ EPEFE 研究比较，无论是研究方向和规模都还有很大的差距，也没有涉及柴油和柴油车领域。

在我国油品质量已得到飞速提升前提下，我们应该而且也有可能由国家有关部门牵头进行类似国外 AQIRP/EPEFE 系统性的油品质量和大气环境之间影响的国家研究，这样才能有足够的数据证明我们制定的标准是符合我国国情和具有世界先进水平的清洁油品标准。某种意义上讲进行有关油品质量的提升和大气环境保护的国家研究和制定国Ⅵ/国Ⅶ标准同样重要，更具有长远意义。这种国家级研究既带有应用产业研究色彩也涵盖基础研究的内容。因为我们现在已经有了赶超国际水平的国 V/国Ⅵ汽柴油标准为基础，有具有较高水平成系统的环保、油品和车辆发动机研究部门和大学的支持，在当前高度信息化和大数据时代这种国家研究还可以带有一定的中国特色，尤其是高效率、信息化方面的特点。

制定清洁油品标准在考虑"环境需要"的同时，还必须认真考虑可能性方面的一系列问题，后者也是一个庞大的系统工程，主要包括我国炼油工业和汽车制造业能否保质保量及时提供符合标准规定的清洁油品和达到排放标准的车辆。目前重点在汽油车方面，但不应该忽视柴油车，包括重型柴油车。当然，油品标准的升级对车辆排放削减具有决定性意义，它可以保证达到新标准车辆在规定耐久性里程中的达标排放。当前我国炼油工业无论是其产能规模和技术水平均已仅次于美国达到世界第二位置，我们主要通过自主研发创新，现在已掌握或基本掌握世界上所有的炼油核心技术和成套技术，包括清洁油品生产成套技术在内，这就为油品质量飞速提升提供了强大的技术支持，2017 年下半年由中国石化、中国石油如期保质、保量向"2+26"城市成功提供国Ⅵ标准的车用汽柴油的事实就可以充分证明了我国炼油工业的技术实力。

汽车工业情况也基本如此，在轿车领域目前更多的是一些中外合资企业处于行业的领先地位，生产高排放标准车辆在技术方面是没有问题的（主要指汽油车，柴油轿车尚有欠缺和差距）。炼油和汽车制造二大工业体系在国家总体规划和相关部门的统一指挥下，可以做到机动车排放标准和油品标准二者之间同步、协调升级互相促进的状态。在当前已全面执行汽柴油国Ⅵ标准（相当欧Ⅵ水平）的大环境下，今后制定新一代清洁油品标准时我们完全具备了从模仿创新向自主创新过渡。

制定新一代清洁油品标准还涉及一系列部门运作、操作和监管方面的问题，还包括对炼油企业、汽车工业和交通运输业的财政支持（贷款、税收）、产品价格和市场销售等一系列财经政策方面问题。因此制定清洁油品标准一方面要学习世界上先进的国际标准和经验，解决好大量科技问题，同时也必须学习国外的行政管理程序和市场运作方面的经验，用系统工程的方法来解决系统工程问题，这样可制定出一个符合国情和机动车大气污染物排放标准相互衔接而又赶超世界的汽柴油标准，同时又能得到高效、顺利地实施和执行。

以下两个案例在我国制定新一代清洁油品标准时值得我们重视和思考。

（1）从国情出发制定燃油标准并非仅仅是一项对于我国实际情况的特殊要求，世界各国也都如此。如美国加州汽油标准号称是最严格的，但加州汽油标准的硫含量有例外，当时欧Ⅵ标准为 10 mg/kg，而加州 LEV Ⅲ标准却为 15mg/kg，加州汽油标准硫含量大于欧Ⅵ标准，这与美国炼油企业加工原油硫含量高于欧洲炼厂有较大关系（美国炼厂加工较多国外的委内瑞拉超重油、墨西哥玛雅超重油和加拿大油砂合成油等高硫、高密度劣质原油），这说明制定油品标准时一定要从当地实际情况出发去考虑，直到 2017 年 1 月 1 日起，美国才执行清洁汽油硫含量小于 10mg/kg 标准，时间上不比我国早多少。日本目前限制汽油硫含量不高于 10mg/kg，印度提出 2017 年 4 月 1 日执行汽油硫含量不大于 50mg/kg 标准，到 2020 年汽油硫含量才执行不大于 10mg/kg 标准。日本清洁汽油标准中芳烃含量和芳烃/烯烃比较高，很大程度上和日本炼厂的总流程结构及汽油池中重整汽油组分多有关。

（2）MTBE（甲基叔丁基醚）有助于提高汽油辛烷值（MTBE 辛烷值为 RON115）和改善尾气排放，目前是中国、西欧和日本等国广为采用的一种汽油添加组分。MTBE 具有一定的毒性，对人体的影响主要表现在上呼吸道、眼睛黏膜的刺激反应，长期接触可使皮肤干燥。美国加州是世界上最早禁止使用 MTBE 的地区，目前世界上只有美国是不允许使用 MTBE 的，原因是美国使用 RFG（新配方汽油）地区在 5% ~10% 的饮用水中检测到 MTBE 存在，造成这一现象的原因是美国炼油工业在二次世界大战时期就十分发达，它的绝大部分汽油储罐建设于上世纪中叶以前，为地下/半地下储罐，至今有三分之二左右存在不同程度的微小渗漏，MTBE 在水中的溶解度较高，就引起在美国一些地区的地下水中出现 MTBE 污染情况。为此，首先由美国加州资源委员会（CARB）提出并规定从 2002 年 12 月 31 日起禁止在加州 RFG 汽油中添加 MTBE，以后在全美禁用。我国、欧洲、日本等国的情况不一样，绝大部分汽油罐均是新建的地上钢质焊接油罐，由于是地上储罐，而且有严格的污水处理系统，不会发生至今也没有发现 MTBE 污染地下水的情况。因此，我国燃油标准中是允许添加 MTBE 的。AQIRP 的研究结果表明，当汽油加入 MTBE 从 0% 增加到 15% 时，可使车辆 HC 排放减少 5% ~9%，CO 减少 11% ~14%，对 $NO_x$ 和有毒物排放没有影响，但是如果燃料的芳烃含量低，则会使 $NO_x$ 排放上升约 5%，对有毒物的影响不大，对臭氧的形成也影响不大，其他含氧化合物产生的影响与 MTBE 相似，见表 10。

表 10　AQIRP 汽油加入 MTBE 对不同车型汽车尾气的主要作用

| 车　　型 | MTBE 加入量/% | 尾气排放物减少/% | | | |
|---|---|---|---|---|---|
| | | HC | CO | $NO_x$ | 有毒物 |
| 当前车型 | 0→15 | −5 | −11 | 无影响 | 无影响 |
| 老车型 | 0→15 | −9 | −14 | 无影响 | 无影响 |

我国 MTBE 技术已经完全立足于国内，2016 年，国内 MTBE 产能 1750 万吨，实际产量约 1200 万吨。它除了需要用一部分异丁烯外，也是煤制甲醇一个重要用途，在当前乙醇汽油没有完全代替传统汽油时，我国有必要保留 MTBE 生产，不一定仿效美国做法急于将 MTBE 转产为其他汽油添加剂，这点美国情况不同于我国。美国玉米产量远高于我国，其玉米乙醇产量很高，而且价格低廉，是燃料乙醇的主要来源，完全可以代替 MTBE 作为汽油含氧添加剂。我国情况是不同的，完全照搬美国的做法值得商榷。也说明我们要结合我国汽油实际组成，进一步开展汽油含氧化合物的存在对排放和油品标准的影响的研究。

## 2.3　关于实施第六阶段《车用汽油》和《车用柴油》两项国家强制性标准

### 2.3.1　设立油品升级"效果观察期"和开展相关国家研究

我国第六阶段《车用汽油》和《车用柴油》两项国家强制性标准在 2019 年开始

实施。其中国ⅥA汽柴油规定的技术要求过渡期至2018年12月31日，自2019年1月1日起，国V汽柴油规定的技术要求废止，有2年的过渡时间（2017年到2018年）；国ⅥB汽柴油规定的技术要求过渡期至2023年12月31日，自2024年1月1日起，国ⅥA汽柴油规定的技术要求废止，如从2019年起有5年过渡时间。

前已指出，2017年国家环保部等4部门和北京、天津、河北等6省市发布《京津冀及周边地区2017年大气污染防治工作方案》中，要求"2+26"城市于当年9月底前全部供应符合国Ⅵ标准的车用汽柴油，率先完成城市车用柴油和普通柴油并轨，禁止销售普通柴油等措施，也就是我国北方部分省市已提前实施国Ⅵ强制性燃油标准，和国际最先进的燃油质量标准接轨。国Ⅵ强制性标准中体现出的我国燃油标准从限制杂质含量阶段到优化油品组分阶段变化的方向是减轻车辆排放对大气污染影响的重要措施。国家油品质量升级正在有序、有步骤地进行，一个新标准开始在全国或部分地区实行，如当前部分地区执行国V燃油标准以后，国家有关部门应该仔细评估它对于机动车排放以及所产生的PM2.5所造成的大气雾霾实际影响情况，动员相关力量通过大数据信息化用各地区、部门收集到实际数据来佐证油品质量改善以后对机动车排放和大气污染的正面效果，尤其是油品组分变化造成的影响（如汽油减少烯烃和芳烃的影响等），而这些数据则是对下一个国Ⅵ汽柴油标准（尤其是国ⅥB汽柴油标准）最直接和有说服力的评判依据，有比较大的参考价值。这样一个2~3年时间作为"效果观察期"基本和以上提到的过渡期时间上是吻合的，不需要另外安排。对炼油工业而言也可以更好地根据新燃油标准的要求投入一定的资金力量去完成一系列的炼油装置的新建和改造任务后更高效地去生产新标准汽柴油。实际上，油品质量的升级换代除了和一定的技术投入相关联以外，也是要花相当大的经济代价为前提的，包括炼厂的生产成本的提升在内（如炼油复杂系数增加、能耗增加、液收率下降和氢成本等因素导致生产成本的提升），所以必须要用实际收集到的数据来佐证油品质量改善以后对机动车尾气排放和大气污染改善的正面效果，来进一步验证新的油品标准的先进性和合理性，这也是一种质量管理可行性的反映。

有关开展油品质量/大气环境相关性的国家研究问题的重要性本文前面已经详细谈到，不再重复，关键是下决心组织实施的问题。

## 2.3.2  车用汽油烃组分的优化

今后汽油质量升级过程要认定解决的核心是烯烃含量和芳烃含量的优化问题。"京Ⅵ"汽油标准参照发达国家标准，把烯烃数值由≥24%降低到15%。国Ⅵ强制性标准ⅥA/ⅥB分别是≥18（和欧盟相同）和≥15（和京Ⅵ相同）二类。至于芳烃，虽然汽油中芳烃会增加汽车的 $NO_x$、HC 和 CO 的排放，芳烃燃烧后在尾气中可形成致癌性的苯，并增加燃烧室积炭，导致汽缸积炭，尾气排放物增加。因此降低汽油中芳烃含量的重要性不亚于烯烃，但由于此前已经提到我国车用汽油池中重整汽油含量低于西方水平，因此控制汽油中的芳烃含量的难度在今后一段时间内可能不会很大。

（1）建议将汽油标准中烯烃含量进一步细分为轻烯烃和重烯烃两类，研究汽油中轻烯烃和重烯烃两类不同轻重的烯烃对于汽油辛烷值贡献和尾气排放的影响，并根据研究结果将其归到我国相应新阶段质量标准修改制定过程中去。

在我国汽柴油构成中，催化组分一直都占到很大的比例，汽油中烯烃主要来自于催化汽油，组成非常复杂。烯烃辛烷值高，但会导致尾气中的 $NO_x$ 排放增加，且易生成臭氧，造成二次污染。不同的烯烃对于汽油的辛烷值贡献、发动机工况和尾气排放的影响是不同的，具有直链和双键位于链端的烯烃（$\alpha$-烯烃）比双键位于中心附近的异构烯烃更活泼，环烯烃又比直链烯烃的活泼性更大。催化汽油中烯烃大部分集中在 $C_5$、$C_6$、$C_7$ 烯烃，占到烯烃总量的 65%~75%。所以要控制汽油中的烯烃含量首先要控制住汽油中的轻烯烃部分。表 11 是我国加工若干国内外原油的汽油不同碳原子烯烃的分布[8]。

**表 11　我国加工若干国内外原油的催化汽油中不同碳原子烯烃的分布**　　%

| 原料油 | 大气 VGO | 伊朗 VGO | 大庆 VR/VGO | 吉林 AR | 中原/塔里木 AR |
|---|---|---|---|---|---|
| 烯烃合计 | 31.65/100 | 45.14/100 | 47.28/100 | 33.79/100 | 39.28/100 |
| $C_4^=$ | 5.71/18.04 | 6.38/14.13 | 3.13/6.62 | 3.08/9.12 | 2.02/5.14 |
| $C_5^=$ | 7.36/23.25 | 14.28/31.64 | 13.03/28.89 | 10.63/31.46 | 12.43/31.65 |
| $C_6^=$ | 7.98/25.21 | 11.67/25.85 | 11.29/23.88 | 7.52/22.26 | 10.47/26.65 |
| $C_7^=$ | 5.07/16.02 | 7.91/17.53 | 8.01/16.94 | 7.15/21.16 | 6.40/16.29 |
| $C_8^=$ | 3.74/11.82 | 4.05/8.97 | 5.52/11.68 | 3.27/9.68 | 4.17/10.62 |
| $C_9^=$ | 1.18/3.73 | 0.85/1.88 | 3.58/7.57 | 1.76/5.20 | 2.53/6.44 |
| $C_{10}^=$ | 0.61/1.93 | | 1.76/3.70 | 0.38/1.12 | 0.90/2.29 |
| $C_{11}^=$ | | | 0.34/0.72 | | 0.36/0.92 |

将催化汽油馏分中烯烃分为轻烯烃和重烯烃二部分，进一步研究二者在发动机内燃烧产生的不同结果并进行比较，进而可考虑在一些地方标准或企业的汽油标准中增加一项新项目，就是规定汽油中轻烯烃含量的上限指标。轻烯烃的干点大致可考虑在 100℃ 上下范围内选取（异辛烷沸点 99.3℃），具体多少要根据研究结果去确定。轻烯烃含量的上限指标也应通过在国内取样调查后定。

推出该建议的理由是：轻烯烃对车辆排放的影响较大，这样做可鼓励炼油企业在采取减少催化汽油烯烃含量的同时开发并采用有选择性地减少催化汽油中的轻烯烃的工艺措施，如采用已经国产化的催化汽油醚化工艺，催化汽油甲醇醚化工艺具有良好的降烯烃效果，汽油烯烃体积分数可降低 20 个百分点以上。同时可以将催化汽油中 $C_4$ 到 $C_7$ 的活性轻烯烃（含有叔碳原子的异构烯烃）通过和甲醇反应生成相应的叔烷基醚，在降低汽油轻烯烃的同时可以提高产品 RON 辛烷值 1~2 个单位，蒸气压降低 10kPa，其负面效果也比较少。推广催化轻汽油醚化技术可以间接起到扩大甲醇在汽油中的应用的作用。中国石化和中国石油都有相应的技术，即中国石化齐鲁石化公司研究院的 CATAFRACT 工艺和中国石油石油化工研究院的 LNE 工艺（Light Naphtha Etherification），国外也开发了类似技术。

（2）进一步调整和优化汽油氧含量控制指标

清洁汽油中氧含量指标主要涉及 MTBE 和其他含氧有机物的加入量，我国和欧盟的指标都是 $\not> 2.7\%$（质量分数），几年来指标没有太多变化。炼油工业采用轻汽油醚化工艺以后，汽油的氧含量是否会突破，一种对策是将 MTBE 的加入量作为缓冲调整手段，目前我国油品中实际氧含量还是有一定的余地。另一种对策是在调查研究的基础上适当调整和优化汽油氧含量控制指标，可作为一个课题进行研究。

此外，我国已有较长时间使用乙醇汽油的经验，乙醇汽油使用可有效减少雾霾的功能已得到证实。2014 年第五届全美乙醇年会发布研究报告《乙醇汽油对空气质量影响》表明，乙醇对减少汽车尾气排放的初级 PM2.5 及次级 PM2.5 均有作用。乙醇中的氧可减少汽车尾气中初级 PM2.5，在一般汽车普通汽油中加入 10%燃料乙醇可减少颗粒物排放 36%，而对高排放汽车可减少 64.6%。次级 PM2.5 中的有机化合物直接与汽油中芳烃含量有关，使用乙醇取代汽油中部分芳烃可很好减少次级 PM2.5。此外，乙醇汽油还可以减少次级 PM2.5、一氧化碳（CO）、汽车发动机燃烧室沉积物（CCD）、苯等有毒污染排放，并提高汽车尾气催化转化器的效率。有的观点认为，E10 汽油能符合国Ⅵ汽油标准。总的来说，我国对含醇类汽油和醇/醚汽油相关性深入研究进行比较少，值得加强这方面的基础性研究工作。

（3）我国清洁汽油质量评价

进入本世纪以来我国油品质量有大幅度提升，从 2014 年起，我国已全面执行国Ⅳ汽油标准，到 2017 年开始执行国Ⅴ/国Ⅵ标准。从国Ⅳ标准开始我国清洁汽油升级实际主要是控制汽油硫含量和烯烃两个指标，芳烃含量虽然也非常重要，但由于我国汽油池中调入的重整汽油少，所以汽油中实际的芳烃含量是低于国家标准的。表 12 是国Ⅴ、国Ⅵ和京Ⅵ汽油标准和上世纪末汽油组成的数据比较[9]，和 2000 美国（RFG）比较，即使是国ⅥB 的烯烃、芳烃含量方面还是存在进一步降低的可能。

表 12　国Ⅴ、国Ⅵ和京Ⅵ汽油标准和上世纪末汽油组成

| 项　　目 | 国Ⅴ | 国ⅥA① | 国ⅥB | 京Ⅵ② | 1998 年中国 | 2000 年美国（RFG） |
|---|---|---|---|---|---|---|
| 硫含量/（μg/g） | ≯10 | ≯10 | ≯10 | ≯10 | 500 | 140~170 |
| 烯烃含量（体积分数）/% | ≯24 | ≯18 | ≯15 | ≯15 | 43 | 6~10 |
| 芳烃含量（体积分数）/% | ≯40 | ≯35 | ≯35 | ≯35 | 11 | 25 |
| 烯烃+芳烃（体积分数）/% | ≯64 | ≯53 | ≯50 | ≯50 | 54 | 31~35 |

①与欧洲标准接轨。
②京Ⅵ汽油地方标准（DB 11/238—2016），标准于 2017 年 1 月 1 日起实施。

　　我国从 2017 年开始执行国Ⅴ/国Ⅵ汽油标准以后，其中硫含量降低的程度最大，已达到世界水平。烯烃、芳烃含量也有一定的降低。烯烃含量（体积分数）大幅度降低到 18%以下，汽油池中重整汽油比例有一定提升，2010 年为 20.2%，今后我国汽油池中催化汽油仍将占主要地位，约为 70%~80%之间，重整汽油比例还将低于美国和西欧水平（见表 7），因此其实际芳烃含量不可能大幅度提升，对于"烯烃+芳烃"含量这一项数据而言，目前我国汽油烯烃含量略高于美国和西欧水平（见表 9），如按国Ⅵ标准考虑，中国汽油烯烃含量可能高出 5%左右，但芳烃含量中国低于西欧和日本水平，大致也在 5%左右（2010 年中国汽油芳烃含量实际为 20.2%），互相抵消后"烯烃+芳烃和"含量二者是接近的。众所周知，汽油中芳烃含量的高低对尾气排放的影响程度不亚于烯烃，因此可以判断，当前我国在使用国Ⅴ汽油标准情况下，车辆尾气排放情况已接近于美国、西欧和日本水平，今后随着国Ⅵ和京Ⅵ汽油标准的推广，我国汽油烯烃含量将进一步降低，而芳烃含量则将保持原有水平，这样"烯烃+芳烃和"实际数据可能接近美国、西欧和日本水平。使用国Ⅵ和京Ⅵ标准的汽油车辆尾气排放情况应该会有很大改善。当然有关车辆工况和道路情况也需要及时跟上。今年我国实现国Ⅵ汽油标准全覆盖以后，一些大中型城市，尤其是华东、华南地区的上海、广州等城市大气污染情况有很大好转，除非天气出现不利的大气扩散条件和存在严重的输入性污染外，绝大部分时间内天气都处于优或良的状态，这和燃油质量的提升有很大的关联。结论是：使用国Ⅴ/国Ⅵ标准等清洁油品后对减轻城市（尤其是大城市）大气污染的有利影响将是非常明显的。在比较汽油质量时，虽然目前我国汽油烯烃含量标准目前还略高于西方，但不能仅仅针对这一点而忽视汽油中芳烃含量的比较，因为从传统分析至今我国汽油实际的芳烃含量一直是低于西方水平的，必须将二者的影响同时加以综合起来比较才能得到符合实际的结论。

　　值得指出的是，近年来在汽油质量快速提升过程中，我国炼油工业已经全面

掌握油品的深度脱硫技术和催化汽油的脱烯烃技术等，尤其是用于生产低硫清洁汽油(硫含量小于 10 mg/kg)的催化汽油深度脱硫——S Zorb 汽油吸附脱硫成套技术的推广使用，后者已处于国际领先水平，本书以后有关部分将有讨论。

## 2.3.3 车用柴油烃组分的优化

车用柴油国家强制性标准的制定工作具有十分重要的意义，尤其是当前我国消费柴汽比下降，柴油过剩局面将在长时间内保持的前提下制定该标准将有助于提高柴油质量、推动柴油机尾气排放的改善和民用柴油轿车的应用推广，对提高我国燃油的能效和节能降耗具有重大的战略意义。

由于从国 V 柴油标准开始，柴油硫含量指标已经降低到 ≯ $10\mu g/g$ 的国际先进水平。这得益于我国炼油工业对二次加工柴油组分全面、广泛地采用了加氢工艺，今后柴油质量升级到国Ⅵ标准的主要内容是控制多环芳烃含量，后者直接影响到柴油发动机尾气颗粒物排放量的降低。这次国Ⅵ标准中多环芳烃质量分数的限值从国 V 标准中不大于 11% 下降到 7%，已略低于欧盟最新的车用柴油标准 (EN 590：2013)，应该认同这一方向。从我国炼油企业 2017 年下半年试产国Ⅵ标准的柴油情况看，目前我国所掌握的加氢技术及其配方是完全可以满足这方面要求的，已经为北京、天津、河北等 6 省市的"2+26"城市全部供应符合国Ⅵ标准的清洁柴油。

我国车用柴油多环芳烃含量的来源主要是在柴油池中加入了较多的催化轻循环油(LCO Light Cycle Oil)，炼厂常称 LCO 为催化柴油，因此试产国Ⅵ标准柴油的重点是柴油池中原料组分的优化，要适度降低 LCO(催化柴油)在柴油原料中的比例。有报道称，2012 年我国炼油企业在商品柴油中 LCO 加入量达到 30% 以上。LCO 是质量最差的一种车用柴油的调合组分，不仅十六烷值低(RFCC 催柴十六烷值可低于 20)，而且芳烃含量高，可达到 50% 以上。当催化原料变重，尤其是对于重油催化(RFCC)等催化工艺，其得到的 LCO 的质量更差。世界各国情况基本相似，80 年代美国典型的催化 LCO 密度在 0.9254~0.9652$g/cm^3$ 之间，十六烷值在 17.1~27.0 之间，芳烃含量在 60.0%~85% 之间，实际比我国的 LCO 还差，因此，在国外 LCO 主要不用于柴油池，而作为燃料油的调合组分。进一步分析催化 LCO 中的芳烃分布，其中双环芳烃约为总量的 50%，其次是单环芳烃占 25%~49%。表 13 是我国部分催化轻循环油 LCO 的性质，加工进口劣质原油和 RFCC/MIP 得到的 LCO 质量更差。表 14 是两套多产异构烷烃的催化裂化工艺(MIP)装置的 LCO 性质，列出了双环以上芳烃含量分布，所得 LCO 收率较低，质量很差，LCO 密度均大于 0.93，十六烷值小于 20，具有较高的硫含量和氮含量，可见 MIP 催化工艺得到的 LCO 不是清洁柴油的理想调合组分。图 4 是 LCO

不同馏分中芳烃含量的分布情况，随着馏分变重其单环芳烃含量下降，双环芳烃含量上升，二者变化在 245℃ 附近出现拐点，三环芳烃含量则缓慢上升。

**表 13　我国部分催化轻循环油 LCO 的性质**

| 原　料 | 大庆 VGO | 大庆 VR-VGO | 塔里木/中原/吐哈 AR | 中原/阿曼/卡宾达 AR | 中东 HDS-AR/VGO |
|---|---|---|---|---|---|
| 密度(20℃)/(g/cm³) | 0.8649 | 0.9094 | 0.8811 | 0.8938 | 0.9123 |
| 酸度/(mgKOH/100mL) | | | 0.97 | 6.6 | 2.0 |
| 实际胶质/(mg/100mL) | 28 | 560 | 106 | 291 | 91 |
| 碘值/(gI/100mL) | | | 13.8 | 46.7 | 7.2 |
| 十六烷值 | 41 | 34.5 | 38 | 36.5 | 27 |
| 馏程/℃ | | | | | |
| 　初馏点 | 194 | 158 | 193 | 179 | 167 |
| 　50% | 274 | 275 | 284 | 282 | 255 |
| 　90% | 335 | | | | 95%364 |
| 　终馏点 | | 395 | 367 | 385 | |
| 元素组成/% | | | | | |
| 　碳 | | | 88.08 | | |
| 　氢 | | | 11.30 | | |
| 　硫 | 0.10 | 0.16 | 0.56 | 0.79 | 0.25 |
| 　氮 | 0.03 | 0.13 | 0.07 | 0.05 | |
| 烃族组成/% | | | | | |
| 　烷烃+环烷烃 | | | 20.4 | | 29.8 |
| 　烯烃 | | | 3.2 | | 胶 0.7 |
| 　芳烃 | | | 76.4 | | 69.5 |

**表 14　渣油 MIP 装置的 LCO 性质**

| 项　目 | 偏石蜡基 | 中间基 | 加氢 VGO | 偏石蜡基 |
|---|---|---|---|---|
| 密度(20℃)/(g/cm³) | 0.9375 | 0.9566 | 0.9630 | 0.9537 |
| 硫含量/(mg/kg) | 4000 | 9500 | 4300 | 4400 |
| 氮含量/(mg/kg) | 865 | 662 | 368 | 1069 |
| 十六烷值 | <20.0 | 15.7 | 15.2 | <20.0 |
| 烃族组成/% | | | | |
| 　链烷烃 | 13.1 | 8.0 | 8.4 | 12.8 |
| 　环烷烃(一环/二环/三环) | 7.9(2.3/3.4/2.2) | 5.1 | 3.6 | 8.0(4.0/2.4/1.6) |

续表

| 项　　目 | 偏石蜡基 | 中间基 | 加氢 VGO | 偏石蜡基 |
|---|---|---|---|---|
| 总芳烃 | 79.0 | 86.9 | 88.0 | 79.2 |
| 单环芳烃 | 21.3 | 28.7 | 19.0 | 11.9 |
| 二环芳烃 | 48.0 | 49.8 | 58.9 | 56.2 |
| 三环芳烃 | 9.7 | 8.4 | 10.1 | 11.1 |
| 双环以上芳烃含量 | 57.7 | 58.2 | 69.0 | 67.3 |

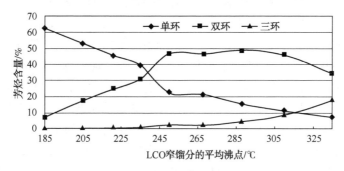

图 4　LCO 芳烃随沸程分布情况

　　由上表可知，从芳烃资源有效利用角度分析，LCO 作为清洁柴油调合组分是不合理的，尤其是目前全国柴油过剩局面下它更应该去转化作为生产轻芳烃/清洁汽油的资源，应该尽量降低 LCO 在柴油池中的比例，近来我国炼油工业已开发一系列相关转化 LCO 的组合工艺可供选用[10]。当然，从炼厂实践来看，通过加氢精制将 LCO 直接作为清洁柴油的加工流程最短、加工成本最低，因此，摸索和保持一个合适 LCO 比例则是炼厂在生产国Ⅵ标准清洁柴油的一个重要的任务。事实证明，根据所选择不同的加氢工艺，柴油池中还是允许保留 10% 左右的 LCO。

# 3 清洁油品生产和开发

在清洁油品生产和开发过程中，调整、优化炼厂装置结构，开发推广具有先进水平的清洁油品生产成套技术是油品升级换代过程的主要途径，虽然他们并不代表炼油工业发展的全部，但是当前炼油工业发展的一个主要方向。

早期我国炼油业主要二次加工手段是催化裂化，也是生产油品的主要手段。近年来其他一些炼油工艺得到了长足发展，包括加氢精制、催化重整、加氢裂化、延迟焦化和渣油加氢等及相应的组合工艺，由于我国炼油科技水平迅速提升和国产化成套炼油技术的开发推广，加速了这些炼油工艺尤其是炼油组合工艺的快速发展。至于烷基化、异构化等某些生产清洁汽油组分的炼厂气体加工工艺，虽然目前在我国炼厂中产能还很小但已经引起足够重视，未来将有一大批烷基化、异构化装置投产，包括我国自行开发的新装置投产。总之，按照我国炼油工业目前达到的技术水平，加上通过优化、调整炼厂装置结构，建设和改造一批炼油装置后我国炼油工业是完全可以满足生产国Ⅴ/国Ⅵ标准油品乃至更高质量水平油品要求的。

## 3.1 清洁汽油生产技术

当前我国生产低烯烃、低硫、高辛烷值汽油技术创新的重点可包括：催化裂化技术/催化汽油改质技术；催化裂化轻汽油醚化技术；炼厂气体加工烷基化技术；汽油吸附脱硫技术(S Zorb)等。催化重整技术的进展和开发对于清洁汽油生产也是非常重要的一个方面，近年来我国这方面发展很快，由于它更多是和大芳烃成一个系统。本书内拟不做重点讨论，读者可以参考相关的专著[11,12]。

### 3.1.1 催化裂化是我国清洁汽油生产的核心技术

我国炼油工业构成中催化裂化一直占有主要地位，也是我国清洁汽油生产的中流砥柱和核心技术。近年来虽然产能比例有所下降，但其产能占常压蒸馏能力比例仍维持在30%左右，其他二次炼油加工技术的比例均有所上升，以加氢精制最为突出，已接近原油加工能力的一半左右，加氢精制已成为保证炼厂能保质保量提供符合标准的清洁油品的一个主要手段。见表15，2000年加氢精制能力占常压蒸馏能力比例为 11.2%，2015 年已迅速提升到 46.8%，而且绝大部分采用的是国产化成套技术。

表 15 我国炼油二次加工装置能力占常压蒸馏能力比例 %

| 年份 | 企业 | 催化裂化 | 加氢裂化 | 催化重整 | 延迟焦化 | 加氢精制 |
|------|------|--------|--------|--------|--------|--------|
| 2000 | 中国石化 | 36.9 | 6.3 | 7.0 | 10.2 | 17.4 |
| | 中国石油 | 40.2 | 2.8 | 5.9 | 7.1 | 9.7 |
| | 全国 | 35.1 | 4.7 | 6.5 | 11.6 | 11.2 |
| 2015 | 中国石化 | 27.3 | 12.7 | 10.7 | 18.1 | 46.9 |
| | 中国石油 | 30.5 | 13.7 | 12.1 | 10.6 | 50.6 |
| | 全国 | 31.0 | 10.5 | 9.7 | 19.2 | 46.8 |

注：加氢精制能力只包括汽煤柴油加氢精制能力。

由于各种汽油调合组分中只有催化裂化汽油含烯烃，因此执行新标准生产汽油时如果仅仅以烯烃一项指标产生变动而言，首先遇到的问题是炼厂催化裂化汽油允许调入国Ⅴ/国Ⅵ标准汽油的比例将受到一定的限制。催化汽油允许最大调合比例和催化汽油的烯烃含量有关，而且呈线性关系。表 16 是世界燃油规范Ⅱ类汽油中催化汽油最大允许调合比例(允许烯烃体积含量≤20%，和国Ⅴ标准的烯烃含量指标相近)。计算催化汽油最大允许调合比例时，国家标准中烯烃含量要求越低，催化裂化汽油允许的最大调合比例也越小。由表可知，生产世界燃油规范Ⅱ类汽油时，按目前催化汽油烯烃含量水平而言，大概只能调入 40% 的催化汽油，如采取催化汽油降烯烃工艺措施，使催化汽油烯烃含量降低到 30% 时，催化汽油允许最大调入比例可上升到 66.7%。剩余的部分由不含烯烃的其他汽油组分来满足。

表 16 世界燃油规范Ⅱ类汽油中催化汽油最大允许调合比例[①]

| 催化汽油烯烃含量/% | 允许最大调合比例/% | 催化汽油烯烃含量/% | 允许最大调合比例/% |
|------|------|------|------|
| 50 | 40 | 30 | 66.7 |
| 45 | 44.4 | 25 | 80 |
| 40 | 50 | 20 | 100 |

①世界燃油规范Ⅱ类汽油允许烯烃含量(体积分数)≤20%。

炼厂执行国Ⅴ/国Ⅵ新标准生产汽油时首先遇到的催化汽油改质要求就是在不降低或少降低辛烷值、不增加或少增加催化裂化生焦率的前提下，达到降低催化汽油烯烃含量和硫含量的目的。催化裂化汽油中硫和烯烃分布是很不均匀的，一般来讲，在其轻组分中烯烃含量较高，硫含量较低，反之亦然。这样有的改质工艺把催化汽油分成轻、重二部分分别进行处理。降低烯烃目的主要针对催化轻汽油部分，脱硫目的则主要针对催化重汽油。

当前降低催化汽油烯烃主要有两条路线：

一条是选择适宜的催化工艺和催化剂。我国炼油工业相继开发出 MIP、DCC、CPP 和 MGG 等世界一流的催化裂化家族技术。不同的催化裂化工艺，汽油组成差别很大，简单来讲，常规 FCC 汽油特点为高烯烃含量，MIP（多产异构烷烃催化裂化工艺，Maximizing Iso-Paraffins）汽油为低烯烃含量，是今后我国生产国 V/Ⅵ 清洁汽油的主流催化工艺；DCC（多产低碳烯烃催化裂解，Deep Catalytic Cracking）汽油为高烯烃和高芳烃含量，已有多套装置向南亚国家（如泰国）出口，可为石油化工聚丙烯提供原料聚合级丙烯，经济效益很好；CPP（催化热裂解，Catalytic Pyrolysis Process）汽油为高芳烃含量，并生产最大量烯烃（主要是乙烯、丙烯），已有多套工业装置为石油化工业提供乙、丙烯产品。

不同类型的催化剂对催化汽油组成有一定的影响，氢转移反应强的 REY 催化剂得到的催化汽油辛烷值较低，烷烃含量也较低，而氢转移反应弱的 LREUSY 催化剂则相反[14]。今后，当执行国Ⅵ汽油标准要求进一步降低烯烃含量时，采取这一技术方向估计是可以满足的。此外，在催化裂化过程中采用加降烯烃助剂工艺，也可达到降低汽油中烯烃含量的目的。

另一条是醚化降烯烃路线，将催化轻汽油（一般小于 75℃ 馏分）醚化后可达到降烯烃和提高辛烷值的目的，本书前面已经有所讨论，催化重汽油部分可采用其他脱硫工艺。

### 3.1.2  MIP 催化工艺是我国生产国 V/Ⅵ 清洁汽油主流催化裂化工艺

由中国石化石油化工科学研究院（RIPP）开发的 MIP 催化工艺不仅可降低催化汽油中的烯烃含量，增加汽油中的异构烷烃含量，而且可促进重油的转化，提升液体产品收率（主要是汽油收率），从而提高了催化裂化过程的经济效益。最近十多年时间内，该工艺得到了迅速推广，目前中国炼油业催化裂化加工能力的 60% 是采用 MIP 技术，中国石化的催化汽油约有 70% 来自 MIP 汽油，中国石油有 38% 来自 MIP 汽油，其他石油公司和地方性炼厂有 60% 来自 MIP 汽油，也就是说中国一些大型催化裂化装置已经主要采用 MIP 工艺。截至 2018 年底，MIP 工艺专利已经在全国许可 70 套工业装置，合计年加工能力达 123Mt[15]。采用 MIP 催化工艺和催化汽油脱硫组合技术是中国炼油企业生产国 V/Ⅵ 汽油最经济合理的工艺方案之一。

（1）MIP 技术的发展历程

1999 年进行小型探索研究。

2000 年进行中型探索研究。

2002 年在中国石化高桥石化的 1.4 Mt/a 装置上成功进行了 MIP 工业试验。

2004 年 MIP-CGP（MIP for Cleaner Gasoline plus Propylene Production）工业试验在中国石化九江石化 1.0 Mt/a 装置进行。使用专用催化剂和更高的苛刻度，在增产丙烯的同时大幅度降低了汽油中烯烃含量。

2009 年 MIP-LTG（MIP for LCO To Gasoline Production）工业试验在中国石化巴陵石化 1.05Mt/a 装置进行。

2011 年 MIP-DCR（MIP for Dry gas and Coke Reduction）工业试验在中国石化九江石化 1.0Mt/a 装置进行。

总之，通过多年的实践，MIP 工艺已形成系列催化裂化家族工艺技术，成功解决了满足清洁汽油组分生产的一系列需要。

MIP-CGP 工艺可以将汽油中的烯烃体积分数最低降低至 18%，同时将汽油中的芳烃体积分数提高至 18% 以上，汽油辛烷值（RON）可提高 1 个单位，相对原料的丙烯产率可提高到 8%~10%。

MIP-DCR 工艺可以大幅度降低原料油与催化剂的接触温差，减少质子化裂化和热裂化反应的比例，可以进一步降低干气和焦炭产率，总液体收率可以增加 0.15 个百分点以上。

MIP-LTG 工艺将约占柴油 30% 的柴油轻组分返回提升管再裂化，可以增产高辛烷值汽油，液化石油气+汽油产率增加 1 个百分点以上，汽油辛烷值（MON）增加 0.5 个单位。

（2）MIP 工艺技术

MIP 工艺的核心是提出了基于"裂化"和"转化（指异构化和氢转移反应）"两个反应区概念，从而设计出包含两个反应区的"串联提升管反应器"，这是一种"高速流化床"和"快速流化床"的组合，见图 5。图中第一反应区类似于常规 FCC 提升管，其操作方式为高温、短接触时间和高剂油比，可在短时间内将较重的原料进行裂化生成烯烃。同时，高苛刻度可以减少汽油中低辛烷值组分正构烷烃和环烷烃的生成，有利于提高汽油的辛烷值。第一反应区出口的油气中富含低碳 $C_5$、$C_7$ 烯烃，经专用分布板进入到扩径的第二反应区下部，由于直径的增加和补充待生催化剂等措施，降低了油气和催化剂流速，同时降低反应温度，以增加氢转移和异构化反应，烯烃进一步反应导致汽油中烯烃含量有大幅度下降。

MIP 工艺的操作参数和常规 FCC 有明显的不同，MIP 工艺的第一反应区出口温度控制在 500~530℃，油气停留时间在 1.2~1.4s；第二反应区温度控制在 490~

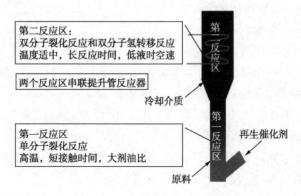

第二反应区：
双分子裂化反应和双分子氢转移反应
温度适中，长反应时间，低液时空速

两个反应区串联提升管反应器

冷却介质

第一反应区
单分子裂化反应
高温，短接触时间，大剂油比

再生催化剂

原料

第
二
反
应
区

第
一
反
应
区

图 5　MIP 串联型提升管反应器简图

520℃，空速（WHSV）一般为 $15\sim40h^{-1}$。虽然 MIP 工艺的反应时间较长，但由于温度较低，其热裂化反应效应有大幅度降低，有利于减少干气的生成。

（3）催化裂化工艺降低产品烯烃含量的化学基础

催化裂化过程中，原料中烃类发生裂化、异构化、烷基转移、歧化、氢转移、环化、芳构化、缩合、叠合、烷基化和生焦等一系列反应，它们对产品烯烃含量产生的影响分别如下：

①裂化反应：C—C 键的断裂反应是生成烯烃的主要来源。

②异构化反应：异构化反应对烯烃含量没有影响，但对汽油辛烷值的增加是有利的。

③烷基转移反应：芳烃烷基转移对烯烃含量没有影响。

④歧化反应：烷基转移逆反应或低分子烯烃歧化对烯烃含量没有影响。

⑤氢转移反应：典型的氢转移反应包括烯烃和环烷之间、烯烃和烯烃之间、环烯之间和烯烃及焦炭前身物之间的双分子反应。

反应化学式可表达为：

$$3C_nH_{2n}+C_mH_{2m}\longrightarrow 3C_nH_{2n+2}+C_mH_{2m-6}（芳烃）$$

$$4C_nH_{2n}\longrightarrow 3C_nH_{2n+2}+C_nH_{2n-6}（芳烃）$$

$$3C_mH_{2m-2}\longrightarrow 3C_mH_{2m}+C_mH_{2m-6}（芳烃）$$

$$XC_nH_{2n}+生焦前身物\longrightarrow XC_nH_{2n+2}+焦炭$$

上述四类反应清楚地表明氢转移反应的特点是：反应有烯烃参与，产物为饱和烃、芳烃和焦炭。也就是讲，氢转移反应是降低催化裂化产物中烯烃含量的主要反应之一。它可能生成芳烃，也可能增加焦炭的生成。这就要求促进有控制的前三类反应而抑制第四类深度氢转移反应，避免造成大量生焦。

环化/芳构化反应：烯烃通过连续的脱氢环化反应生成芳烃，其反应式是：

$$RCH_2—CH_2—CH_2—CH_2—CH=CH_2 \xrightarrow{-H} RC_6H_6$$

这一类反应特点是由链状烯烃经脱氢环化，芳构化生成芳烃，因此既能降低产品汽油中烯烃含量，又能生成高辛烷值组分——芳烃，同时还有副产氢气生成。假如其氢原子能饱和汽油中烯烃，则可进一步降低汽油中烯烃含量。

缩合反应：主要在烯烃与烯烃、烯烃与芳烃、芳烃和芳烃之间发生缩合反应。低分子烯烃的浅度缩合反应有利于减少烯烃，而深度缩合反应将导致焦炭的生成，是主要的生焦反应。

叠合反应：烯烃之间的叠合反应是一种特殊的缩合反应。

烷基化反应：烷基化反应是在烯烃和烷烃之间进行生成烷烃的一种反应。也可以在烯烃和芳烃之间进行生成烷基芳烃，它也有利于减少烯烃的生成。

综上所述，对降低催化裂化汽油烯烃含量有利的反应是氢转移反应、环化/芳构化反应、叠合（浅度叠合）反应和烷基化反应。在催化裂化条件下，前面两种反应的热力学平衡常数远大于后者。而叠合（浅度叠合）及烷基化反应则难以发生。由此可见，理想的催化裂化降烯烃过程主要依靠有控制的选择性氢转移双分子反应，同时在一定程度上加强烯烃异构化反应和环化/芳构化反应。MIP 工艺主要是在第二反应区强化了氢转移和异构化反应，导致汽油中烯烃含量有大幅度下降。可以认为，MIP 的第一反应区是烯烃生成区，第二反应区则是烯烃反应区，导致催化汽油烯烃含量下降。

（4）MIP 技术特点

以下 5 个特点导致了 MIP 催化工艺成为我国生产国 V/VI 清洁汽油主流催化裂化工艺，并已经得到大面积工业推广应用。

① MIP 技术除了具有独特的反应系统外，再生系统和吸收稳定等系统与常规 FCC 基本相同，技术成熟，易于操作。

② MIP 技术具有多种生产方案，并且这些技术方案可以通过合理调整实现技术方案的切换，使得 MIP 技术具有非常明显的方案灵活性。

必须指出的是，MIP 工艺在生产低烯烃或增产丙烯的同时，其 LCO 和油浆的质量存在进一步劣质化的倾向，主要是影响到 LCO 十六烷值下降，可大于 2 个单位以上，油浆密度增加到 1.1g/cm³ 不适宜回炼。因此，虽然 MIP 工艺可以将汽油烯烃含量下降到 18%，但从全局考虑，还是应合理地选择降低汽油烯烃含量的目标范围，以在 20%～25% 之间为宜。

③ 工业化结果显示，MIP 技术具有明显改善产物分布的特点，在原料性质相当的情况下，改造后 MIP 技术的干气产率和油浆产率明显下降，总液体收率增加。表 17 是 MIP 与 FCC 产物分布对比。

表 17　MIP 与 FCC 产物分布对比

| 工艺 | FCC | MIP |
|---|---|---|
| 原料油性质 | | |
| 密度(20℃)/(g/cm³) | 0.9085 | 0.9095 |
| 氢含量/% | 12.6 | 12.5 |
| 硫含量/% | 0.42 | 0.48 |
| 产物分布/% | | |
| 干气 | 3.76 | 2.93 |
| 液化气 | 15.45 | 19.44 |
| 汽油 | 40.30 | 41.67 |
| 柴油 | 27.18 | 23.38 |
| 油浆 | 4.69 | 4.31 |
| 焦炭 | 8.23 | 7.86 |
| 损失 | 0.39 | 0.41 |
| 合计 | 100.00 | 100.00 |
| 液体收率/% | 82.93 | 84.49 |

④ MIP 技术得到的汽油烯烃含量具有一定范围内的可调性。汽油烯烃含量可调整范围在 18%～30% 之间，最佳范围是在 20%～25% 之间。表 18 是 MIP 和 FCC 汽油烃族组成的比较，这是 MIP 汽油性质得到明显改善的深层次原因，汽油组成中烯烃含量大幅度下降，异构烷烃和芳烃含量增加。

表 18　MIP 和 FCC 汽油烃族组成比较

| 组成 | MIP 汽油 | FCC 汽油 |
|---|---|---|
| 质量组成/% | | |
| 正构烷烃 | 4.93 | 4.74 |
| 异构烷烃 | 31.18 | 23.91 |
| 烯烃 | 25.07 | 40.78 |
| 环烷烃 | 7.31 | 7.31 |
| 芳烃 | 29.61 | 22.24 |
| 芳烃中含苯 | 0.88 | 0.78 |
| RON | 92.9 | 93.0 |
| MON | 82.0 | 81.5 |
| 异构/正构烷烃比 | 6.32 | 5.04 |
| 苯芳比 | 2.97 | 3.51 |

⑤ MIP 汽油具有硫传递系数低的特点，能够在一定程度上实现降低汽油硫含量的要求。

### 3.1.3 生产低烯烃汽油的 FDFCC( 双提升管反应器流程 ) 技术

除了 MIP 工艺外，生产低烯烃汽油的国产 FCC 技术还有 FDFCC 技术 ( 双提升管反应器流程 )、FCC 汽油辅助反应器改质降烯烃技术和二段提升管技术等。

FDFCC 工艺采用双提升管反应器流程，旨在降低催化汽油的烯烃含量和硫含量，提高装置的 LCO 与汽油比和汽油辛烷值，同时增产丙烯。

FDFCC 工艺核心是有 2 根提升管即重油提升管和汽油提升管。允许它们在各自最优化的条件下单独加工不同的原料，得益于"低温接触、大剂油比"的思路，从而避免了重油裂化和汽油改质之间的互相影响，提升了装置加工不同原料的灵活性。2003 年 4 月在中国石化长岭炼化公司 1#催化裂化装置成功进行了 FDFCC-Ⅲ第一次工业试验，以后又有一些洛阳石化工程公司设计的工业装置建成并投产。但该工艺存在流程复杂、单位投资大、能耗高等缺点。表 19 是 FDFCC 汽油改质前后主要性质，可见由 FDFCC 生产的催化汽油烯烃含量都有不同程度降低，改质后烯烃含量可低至 11.5%。

**表 19　FDFCC 汽油改质前后主要性质**

| 项目 | 未改质粗汽油 | 改质粗汽油 | | |
|---|---|---|---|---|
| 反应温度/℃ | | 450 | 500 | 550 |
| 剂油比 | | 7.2 | 9.4 | 13.5 |
| 密度(20℃)/(g/cm$^3$) | 0.7084 | 0.7193 | 0.7289 | 0.7375 |
| 硫含量/(mg/kg) | 380 | 311 | 300 | 286 |
| 烯烃/% | 44.5 | 17.3 | 13.5 | 11.5 |
| 芳烃/% | 13.8 | 27.9 | 30.0 | 32.5 |
| 饱和烃/% | 41.7 | 54.8 | 56.3 | 56.0 |
| RON | 90.6 | 91.8 | 92.7 | 92.9 |
| MON | 80.9 | 81.6 | 82.0 | 82.3 |

最近中国石化长岭炼化公司建设了一套 1.0Mt/a 加氢转化装置，实际上是 FDFCC 催化裂化装置的配套装置，该技术用于处理上游装置得到的催化轻循环油 LCO( 催化柴油 )。加氢转化装置实质是加氢精制和加氢转化的组合工艺，反应部分采用单段串联部分循环工艺技术，设一台精制反应器、一台转化反应器，两台反应器串联操作。精制反应器主要作用是脱除含硫、氮、氧等杂质的非烃组分和有机金属化合物分子；转化反应器主要是进行裂化反应，将大分子转化为小

分子，从而可以明显提高催化柴油转化率。催化柴油进 1.0 Mt/a 加氢转化后可得到约有一半左右的加氢转化柴油，然后进入 1# 催化裂化装置汽油提升管进行回炼。加氢转化柴油氢含量更高，饱和烃含量高，芳烃含量低，汽油前驱物含量达到了 96.2%。因此，1.0Mt/a 加氢转化后的精制柴油进入 1# 催化轻油提升管回炼以后更容易发生裂化反应，柴油的转化率更高。加氢转化柴油回炼得到的粗汽油硫含量可以直接达到国 V/国 VI 标准，见表 20。

表 20　加氢转化柴油催化回炼粗汽油性质

| 项目 | 指标 | 项目 | 指标 |
|------|------|------|------|
| 芳烃/% | 58.27 | 异构烷烃/% | 22.88 |
| 环烷烃/% | 7.45 | 正构烷烃/% | 3.63 |
| 烷烃/% | 26.51 | 辛烷值 RON | 99.2 |
| 烯烃/% | 7.59 | 硫含量/(mg/L) | 7.5 |

### 3.1.4　催化裂化轻汽油醚化技术

催化裂化轻汽油醚化降烯烃的工艺技术具有良好的降烯烃效果，汽油烯烃体积分数可降低 20 个百分点以上。主要原理是可以将催化汽油中 $C_4$ 到 $C_7$ 的活性烯烃(含有叔碳原子)通过和甲醇反应生成相应的叔烷基醚，反应条件温和，反应在液相中进行，可以提高产品 RON 辛烷值 1~2 个单位，蒸气压降低 10kPa，其负面效果也比较少，但需要增加醚化装置及相应系统，国内已经有不少单位研究开发该技术[16]。

催化轻汽油醚化技术是在甲基叔戊基醚(TAME)基础上发展起来的，使用树脂催化剂，工艺比较成熟，醚化流程简单，操作费用低。国内轻汽油醚化工艺特点为二段醚化+分馏工艺，包括醚化反应、醚化产物分馏和甲醇回收三部分。轻汽油醚化反应温度应限定低于 80℃ 下进行，但反应温度降低以后，叔碳烯烃转化率有明显下降，综合平衡动力学和热力学因素后，最佳反应温度为 70℃，此时叔碳烯烃总转化率可达到 55.32%(理论值)，其他工艺条件为：空速 $1.0h^{-1}$，醇烯比(物质的量比)为 1.05，反应压力 0.8MPa。

各种醚化工艺的共同点是：都配置有选择性加氢、原料水洗、醚化反应、产品分离、甲醇回收等工序。不同点是：反应器类型不同、甲醇回收方式不同、醚化原料的流程不同和有无异构化等工序。选择加氢反应器类型可以有固定床式和催化蒸馏塔二种，醚化反应器有固定床沸点反应器、膨胀床反应器和催化蒸馏塔等型式。为了获得较高的转化率，通常采用几台固定床反应器串联或沸点反应器和催化蒸馏塔配对使用等方式。甲醇回收常用工艺是水洗萃取，也有采用从醚化产品分馏塔侧线抽出方式(甲醇和 $C_5$、$C_6$ 共沸物)。数据表明,各种醚化工艺的活性异戊烯转化率均可达到 90%左右。

国外催化轻汽油醚化技术包括 TECH 公司的 CDEthers 工艺、芬兰 NESTE 公司的 NExTAME 工艺、UOP 公司的 Ethermax 工艺和法国 AXENS 公司的 TAME 醚化工艺等。NExTAME 技术已经在 PORVOO 炼厂工业化,它将催化轻汽油和甲醇或乙醇反应。Fortum 公司的 NExETHERS 工艺则是 FCC-$C_4$ 和催化轻汽油混合料和甲醇或乙醇进行反应,NExTAME 工艺采用三台固定床反应器串联,催化剂采用大孔强酸离子交换树脂。主分馏塔用浮阀塔盘,侧线抽出未反应的碳五烯烃和碳六烯烃、甲醇共沸物进行循环醚化;三台固定床反应器间有冷却,各类叔烯烃的反应转化率分别是:异丁烯 99.0%,异戊烯 90.0%,活性 $C_6$ 68.0%,活性 $C_7$ 25.0%,可见相对分子质量越大的叔烯烃转化率越低。

上述两个工艺都需要进行选择性预加氢精制,除去原料中双烯烃和硫。NExTAME 工艺推荐的催化改质方案见表 21。

**表 21　NExTAME 工艺催化改质方案**

| 物料 | 催化汽油 | 催化轻汽油 | 氢气 | 甲醇 | $C_4$ 产品 | NExTAME | 重汽油 |
|---|---|---|---|---|---|---|---|
| 流量/(t/h) | 71 | 36.6 | 0.013 | 3.00 | 2.00 | 37.6 | 34.6 |
| RON | 92.7 | 94.7 |  |  |  | 96.7 | 90.6 |
| MON | 80.8 | 81.9 |  |  |  | 84.3 | 79.7 |
| RVP/kPa | 71 | 80 |  | 36 |  | 60 | 8 |
| 质量含量/% |  |  |  |  |  | 3.9 |  |

国内开发的催化轻汽油醚化技术包括齐鲁石化公司研究院 CATAFRACT 工艺和中国石油石油化工研究院以及中国石油华东设计分公司的 LNE 技术(Light Naphtha Etherification)。

LNE 技术包括 LNE-1、LNE-2 和 LNE-3 三种工艺路线,其中 LNE-2 工艺和 AXENS 公司的 TAME 醚化技术均采用"两器一塔"的膨胀床+分馏塔工艺路线,具有投资低、流程灵活、控制简单、催化剂装填容易等优点。齐鲁石化公司研究院 CATAFRACT 工艺、中国石油 LNE-3 工艺和美国 CDTECH 公司的 CDEthers 工艺,均采用泡点床+催化蒸馏塔为主流程的工艺,具有醚化转化率高、占地面积小、能耗低等优点。CDEthers 工艺技术较为成熟,但其催化蒸馏技术专利费用不菲。由于国内轻汽油醚化技术已经成熟,可以采用国内开发的轻汽油醚化技术来降低催化汽油烯烃含量。

### 3.1.5　炼厂气体加工和烷基化技术

我国炼厂每年副产大量 $C_2 \sim C_6$ 轻烃，主要存在于炼厂干气、液化气、碳四、轻石脑油和催化裂化轻汽油中。由于目前国际天然气价格下降，导致炼厂有更多的轻烃不再作为民用燃料转而用于气体加工方向，主要目的之一是为国Ⅴ/Ⅵ标准清洁汽油生产低硫、低烯烃含量的高辛烷值组分。对这部分炼厂资源的利用需要开发一系列炼厂气体加工技术，除烷基化工艺外，我国炼厂已开发的炼厂气体加工技术有 $C_5$/$C_6$ 烷烃异构化技术，包括石油化工科学研究院开发的 RISO 烷烃异构化技术，催化轻汽油醚化技术(见 3.1.4)，轻烃芳构化技术，正丁烯骨架异构化技术等。读者可参考文献[17]。

以下主要介绍炼厂烷基化技术。

烷基化工艺是炼厂中应用最广、最受重视的炼厂气体加工装置。生产的烷基化油是一种具有 RON 为 95 以上组成中几乎全部为异构烷烃，不含硫、烯烃和芳烃，是一种最理想的汽油高辛烷值组分，在国外清洁汽油池中得到广泛应用。表22 是烷基化油、异辛烷及 MTBE 等抗爆组分的一些主要性质。从优化清洁汽油组成角度而言，当前我国汽油池组分急需要调整的是增加烷基化油(工业异辛烷)和异构化油比例，适当压缩催化裂化汽油比例。自 20 世纪 90 年代以来，世界上越来越多的国家开始实施升级不同阶段的清洁燃料标准，逐渐加大对汽油中烯烃和芳烃含量的限制，炼厂烷基化装置产能随之不断增加。全球炼油能力从 2000 年的 40.63 亿吨/年增加到 2012 年的 44.48 亿吨/年，年增幅为 0.8%，同期全球烷基化能力从 2000 年的 8084 万吨/年增加到 2012 年初的 9034 万吨/年，年增幅 1.0%，烷基化能力年增幅速度已大于全球炼油能力的年增幅速度。目前世界烷基化能力最大的国家当属美国，2012 年美国烷基化能力为 4959 万吨/年，占世界烷基化总能力的 54.9%，占美国炼油总能力的 6.4%。

**表 22　烷基化油、异辛烷及 MTBE 等抗爆组分的一些主要性质**

| 项目 | MTBE | ETBE | 乙醇 | 烷基化油 | 异辛烷 |
|------|------|------|------|---------|--------|
| RON | 117 | 118 | 108 | 95~97 | 100 |
| MON | 101 | 103 | 91 | 93~94 | 100 |
| RVP/kPa | 55.2 | 27.6 | 154 | 27.6 | 11.8 |
| 氧含量/% | 18.2 | 15.7 | 34.8 | 0 | 0 |
| 硫含量/(mg/kg) | 10~20 | 10~20 | 0 | 10~20 | <10 |
| 热值/(MJ/kg) | 35.1 | 37 | 26.7 | ~45 | ~45 |

2010 年以前，受制于国内低端成品油市场，我国烷基化油产能一直保持在低位。清洁汽油大规模升级以后，烷基化油市场供需缺口才迅速突显出来。按照 2012 年我国近 9000 万吨的汽油产量计算，在汽油组分中烷基化油如要达到 8% 的水平，则需要产能近 720 万吨/年；要达到美国的 14% 的水平，则需要 1260 万吨/年。而当时我国烷基化总产能只有 258 万吨/年，其中中国石油、中国石化、中国海油产能共 78 万吨/年，均为 2010 年之前投产的老项目。由于当时国内成品油标准升级速度缓慢，液化气价格一直较高，难以刺激 $C_4$ 的烷基化应用；加上烷基化装置产生的废酸处理比较困难等多方面原因，其中部分装置处于停工状态。近几年，随着国内对汽油质量提出了越来越高的要求，而且国内天然气用于民用的范围不断扩大，市场液化气价有所降低，部分烷基化装置因盈利空间重新出现已经恢复生产。近两年出现一些地方性炼厂新建设的烷基化装置，或者也有将异构化、芳构化装置改造成烷基化的趋势。目前，我国地方性炼厂烷基化装置产能为 180 万吨/年，绝大多数为 2012~2013 年期间投产新项目。2014~2015 年地方性炼厂还有 130 万吨/年以上新产能投放。2014 年烷基化油国内供需已基本匹配。为满足今后需要，中国石化将投资新建及改造 13 套烷基化、异构化装置。

具体分析是：随着国 V 汽油标准出台，标志着清洁汽油时代的到来。而作为清洁汽油中重要调合组分的烷基化油，我国烷基化当时的产能及技术都明显滞后。在西方发达国家汽油池中烷基化油占有较高的比例，世界平均水平为 8%，美国平均水平为 14%，在清洁汽油标准最严的美国加州，新配方中烷基化油加入量达 20%~25%。但我国平均水平只有 2%~5%。如果要落实国 V 汽油标准，国内烷基化油的供需缺口将可能很大。2017 年全国的国 V 汽油需求量约为 13000 万吨，烷基化油需求量将达到 780 万吨。国 VI 汽油标准将主要加严烯烃含量、芳烃含量、苯含量等指标限制，烷基化油最佳添加比例预计将达到 8%~10%；2019 年中国汽油需求量预计将达到 15000 万吨，烷基化油的需求量将达到 1200 万~1500 万吨。

2017 年我国烷基化总产能比 2016 年增加 112 万吨，产能增速明显放缓，同比增加 8% 达到 1680 万吨。中国石化及中国石油早在 2015 年已提前布局国 VI 油品升级计划，烷基化油产能将在 2018 年、2019 年集中释放，预计 2018 年产能将增长 350 万吨。烷基化油的巨大市场空间激发了国内企业投资建设烷基化装置的热情，据不完全统计，随着山西国和新盛、锦西石化、漳州连润、珠海中冠、宁夏金裕海、山东兴泽化工等多套烷基化装置的陆续投产，目前国内已建成投产 60 多套烷基化装置，合计产能 1400 多万吨/年。此外，广西玉柴（24 万吨/年）、海南汇智（20 万吨/年）、云南云天化（24 万吨/年）等多套烷基化装置预计将于今年年底或明年建成投产。

烷基化是一个传统的炼油工艺，它是在强酸性催化剂存在下，异丁烷与 $C_3 \sim C_5$ 烯烃通过烷基化反应得到烷基化油，烷基化反应属于正碳离子-链式反应机理[18]。

烷基化反应的主反应如下：

$$异丁烷 + 顺、反-丁烯 \longrightarrow 2,2,3 三甲基戊烷$$

$$异丁烷 + 异丁烯 \longrightarrow 2,2,4 三甲基戊烷$$

正丁烯在强酸催化剂作用下先异构成顺、反丁烯，顺、反丁烯与异丁烷反应。反应产物中 2,2,3-三甲基戊烷辛烷值高，其辛烷值为 99.9(MON)，2,2,4 三甲基戊烷(异辛烷)辛烷值更高，其辛烷值分别为 100(RON)、100(MON)，注意 2,2,4 三甲基戊烷(异辛烷)有一个重要的特点是其研究法辛烷值(RON)和马达法辛烷值(MON)是相同的，一般催化汽油辛烷值其研究法辛烷值(RON)大于马达法辛烷值(MON)，两者之间差值也称辛烷值敏感度。范围可达到 0~15 个单位。

烷基化存在的副反应如下：

（1）异构化反应

在酸性条件下，正丁烯发生异构化反应，生成了异丁烯，异丁烯接受氢负离子转移生成了异丁烷。

$$CH_3CH=C^{14}HCH_3 \xrightarrow{H^+} CH_2=\overset{\overset{\displaystyle CH_3}{|}}{C^{14}} \xrightarrow{H^+} CH_3-\overset{\overset{\displaystyle CH_3}{|}}{\underset{\underset{\displaystyle CH_3}{|}}{C^{14+}}}$$

$$CH_3-\overset{\overset{\displaystyle CH_3}{|}}{\underset{\underset{\displaystyle CH_3}{|}}{C^{14+}}} + CH_3-\overset{\overset{\displaystyle CH_3}{|}}{\underset{\underset{\displaystyle CH_3}{|}}{CH}} \longrightarrow CH_3-\overset{\overset{\displaystyle CH_3}{|}}{\underset{\underset{\displaystyle CH_3}{|}}{C^{14}}} H+(CH_3)_3C^+$$

注：$C^{14}$ 为研究烷基化反应时常用的示踪原子。

（2）异丁烯二聚或多聚

在低温下，异丁烯在酸性催化剂的作用下，可以聚合成高聚物——聚异丁烯。高温下异丁烯就进行二聚反应，产生异辛烯，将这个异辛烯加氢就可以得到异辛烷。既然存在二聚反应，就不可避免地可能产生三聚与多聚，特别是异丁烯的多聚反应，使得烷基化产物中总是包括一定量的高沸点物。如果在烷基化反应器中提高异丁烷的浓度，可以减少异丁烯彼此碰撞的机会，从而减少高沸物的生成，这也就是工业生产中控制高烷烯比反应在 15~20 范围的原因。

（3）断裂反应

多聚反应生成的烯烃在催化剂的作用下得到质子后形成正碳离子，这些大分子正碳离子在摘取氢负离子之前自身能够发生断裂反应，所生成较小相对分子质量的正碳离子摘取氢负离子生成烷烃，这就是烷基化产物中有 $C_5$、$C_7$ 等烷烃的原因。

对断裂反应的研究发现，烯烃发生多聚合反应所生成的大分子烷基正离子是产生断裂反应的中间体。在不同的反应条件下，可能发生不同种类的断裂反应。

（4）氢负离子转移反应

正碳离子有着从其他烷烃分子上摘取一个氢负离子的可能，从而使自己成为稳定的烷烃，同时开始一个新的正碳离子。

$$
\underset{\underset{CH_3}{|}}{\overset{\overset{CH_3}{|}}{R-C^+}} + \underset{\underset{CH_3}{|}}{\overset{\overset{CH_3}{|}}{CH_3-CH}} \rightleftharpoons \underset{\underset{CH_3}{|}}{\overset{\overset{CH_3}{|}}{R-CH}} + \underset{\underset{CH_3}{|}}{\overset{\overset{CH_3}{|}}{CH_3-C^+}}
$$

（5）歧化反应

在丁烯异丁烷的烷基化产物中还可以看到少量的 $C_7$ 产物，这是在与 $C_4$ 与 $C_8$ 之间发生歧化反应所生成的。

$$C_8H_{18}+C_4H_{10}\longrightarrow C_5H_{12}+H_7H_{16}$$

表 23 是国内生产的烷基化油性质。烷基化油辛烷值和原料的烯烃种类有关，针对不同的烯烃原料（即丙烯、丁烯和戊烯），以丁烯为原料的产品辛烷值最高。即使同是丁烯，由正丁烯为原料得到的烷基化油的辛烷值高于异丁烯原料。因此，如果在烷基化装置上游配置 MTBE 装置除去原料中的异丁烯后，可以提高烷基化油的辛烷值。

**表 23　烷基化油（工业异辛烷）性质**

| 项目 | 硫酸法烷基化油 | 氢氟酸法烷基化油 |
|---|---|---|
| 密度（20℃）/（g/cm³） | 0.6876~0.6950 | 0.6892~0.6945 |
| 馏程/℃ | | |
| 初馏点 | 39~48 | 45~52 |
| 10% | 76~80 | 82~88 |
| 50% | 104~108 | 103~107 |
| 90% | 148~178 | 119~127 |
| 终馏点 | 190~201 | 190~195 |
| RVP/kPa | 54~61 | 40~41 |
| 胶质/（mg/100mL） | 0.8~1.3 | 1.8 |
| RON | 93.5~95 | 92.9~94.4 |
| MON | 92~93 | 91.5~93 |

传统烷基化工业装置有氢氟酸法烷基化和硫酸法烷基化两种。全球 48% 的烷基化产能采用硫酸法，52% 采用氢氟酸法。美国的烷基化装置产能中，硫酸法和氢氟酸法基本平分天下。欧洲的烷基化装置产能中，约 80% 采用氢氟酸法，20% 采用硫酸法。我国炼油工业很早就有硫酸法烷基化装置，1966 年我国兰州炼油厂建成了第一套烷基化装置（硫酸法），后来又引进了氢氟酸法烷基化。国内老装置氢氟酸法居多，仅中国石油抚顺石化、中国海油惠州炼化、西太平洋石油石化的烷基化装置采用硫酸法，近两年兴起的地方性炼厂新烷基化装置则主要是硫酸法。由于氢氟酸排放存在较严重的环境和健康威胁，我国今后大多数新建的烷基化装置将较多地使用硫酸催化剂。目前国内烷基化装置主要引进杜邦 Stratco 硫酸法技术。近两年，国内地方性炼厂新建烷基化装置多采用国内消化后的杜邦 Stratco 技术。

对硫酸法烷基化，有两点必须予以强调：

一个是要强调原料预处理的重要性。因为原料中有害物质在烷基化反应过程中消耗催化剂（硫酸），是影响加工成本、间接造成设备腐蚀的主要因素。研究和生产实践表明，一些有害杂质的酸耗远超烷基化主反应酸耗（约 50 千克/吨）乃至几百倍，危害极大，因此有必要对原料进行预处理。此外，由于丁二烯比其他丁烯更活泼，与硫酸反应变成磺酸酯，从而消耗硫酸；在对烷基化反应有害的杂质中，丁二烯在原料中的含量相对其他杂质是很高的，必须重点加以脱除。目前主要是通过选择性加氢使丁二烯饱和转变成丁烯或丁烷，加氢处理后丁二烯基本全部去除，烯烃部分转化成烷烃（烷烃含量增加 3.29%），且主要为异丁烷，正丁烯大部分异构化成为顺、反丁烯。

另一个是要强调硫酸催化剂的再生循环使用。烷基化使用后废硫酸是风险极高的污染物，如果需要异地处理，转移过程对设备有腐蚀，安全环保压力大，大多数工厂外输废酸后还得购买新酸，废酸处理、运输与购买新酸成本很高，是影响烷基化油经济性的一个关键因素。近年来我国引进国外废酸再生技术并进行消耗吸收，配套建设了废酸再生装置，再生硫酸循环使用，既消除了安全环保风险，烷基化的加工费用也显著降低。据生产运行统计，10 万吨/年规模的烷基化装置（烷基化油产量）配套废酸再生装置，烷基化油加工成本约 450 元/吨，如果废酸转由第三方处理，烷基化油加工成本将再增加约 250 元/吨。

目前国内炼厂已引进建设或正在考虑建设一批新型硫酸烷基化装置。美国 LUMMUS 公司 CDAlky 硫酸烷基化工艺技术是一种可降低硫酸消耗的新型低温硫酸烷基化技术，其核心在于采用了传质效应得到大幅度改善的立式反应器系统。该系统采用一种不需搅拌的反应器设计，因而能使 CDAlky 烷基化反应器在较低的温度下运行，可显著改善硫酸催化剂性能并提高高辛烷值油品收率，降低酸耗，并省去了传统工艺中的碱洗或水洗过程，流程更为简单，可以降低总投资成本，提高操作可靠性。同时干式工艺不产生腐蚀问题，节省维护费用。CDAlky 工艺已于 2013 年在我国山东神驰化工 20 万吨/年装置首次实现工业应用，烷基化油辛烷值超过 98。采用该技术的宁波海越的 60 万吨/年装置和钦州天恒石化 20 万吨/年装置已分别于 2014 年 3 月和 6 月投产，还有多套装置正在建设中。

在 2016 年 AFPM( American Fuel & Petrochemical Manifactures)会议上，CB & I 公司介绍了世界上第一套工业规模的固体酸催化剂烷基化装置的进展，这套装置建在中国山东淄博海逸精细化工公司，2015 年 8 月投产。该装置采用 CB&I、雅宝和芬兰 Neste 公司合作开发的 AlkyClean 技术和雅宝公司开发的 AlkyStar 催化剂，烷基化油产能 2700 桶/日（10 万吨/年）。AlkyClean 技术采用的催化剂是一种坚固耐用的固定床沸石催化剂。这种催化剂与 CB&I 公司的新颖反应器流程相结合，使 AlkyClean 工艺不用液体酸催化剂就能生产出高质量的烷基化油产品，工艺更加安全可靠，不需后处理而且也没有酸溶性油废料产出。又据报道，KBR 公司的 K-SAAT 固体酸烷基化技术第一份转让技术合同已和国内东营海科瑞林化工公司签订。KBR 公司提供专利技术、基础工艺设计、关键设备和催化剂。早先预计这套装置将在 2017 年一季度投产。2015 年 7 月初，洛阳炼化奥油化工股份有限公司与美国 KBR 公司签订技术协议，将使用 KBR 最新研发的固体酸烷基化技术，洛阳奥油化工将利用自身碳四烯烃与异丁烷方面的原料优势生产富含高辛烷值的烷基化油，建设 10 万吨/年固体酸烷基化项目。总投资 8000 万元，项目原计划于 2017 年年初投产。

需要指出的是在烷基化工艺国产化进程方面，国内许多研究机构投入了较大力量进行研发，其中中国石油大学（北京）近年来取得了重要突破，他们在二十世纪初期开始在固体酸烷基化研究的基础上转向复合离子液体催化碳四烷基化的研究，离子液体（或称离子性液体）是指全部由离子组成的液体，在室温或室温附近温度下呈液态的由离子构成的物质，称为室温离子液体。由于离子液体具有几乎不挥发、腐蚀性小、环境友好、酸性可调等特点，成为一种取代硫酸和氢氟酸两种烷基化催化剂的理想材料。如酸性氯铝酸离子液体具有与之可比的强酸性，而且腐蚀性很低。该物质具有较高的碳四烷基化催化活性，丁烯转化率达 100%。因此就确定以氯铝酸离子液体作为基础进一步展开研究，常规氯铝酸离子液体催化活性虽然高但存在选择性差的问题需要克服，为此该技术合成了一种具有双金属配位中心的复合离子液体催化剂，不仅可以明显提高烷基化反应选择性，而且不存在自身分相问题。具体是通过在常规氯铝酸离子液体中引入 Cucl，设计合成同时含有 Al 和 Cu 二种金属配位中心结构的复合阴离子 $AlCuCl_5^-$ 的新型离子液体,称为"复合离子液体",用它作为催化材料,反应产物中的 $C_8$ 组分和 TMP 的选择性有大幅度提升,而且复合阴离子 $AlCuCl_5^-$ 越多,反应选择性越好。

复合离子液体碳四烷基化产业化过程主要解决了以下三个关键的技术问题从而成功开发出具有我国自主知识产权的复合离子液体碳四烷基化技术(CILA),并在 2013 年实现了 12 万吨/年工业装置的产业化(山东德阳化工烷基化装置),顺利运行至今[19]。

这三个关键技术问题是:

(1)开发兼具有高催化活性和高选择性的酸性氯铝酸离子液体催化剂。

(2)解决了离子液体催化剂的再生方式以及催化剂活性的稳定维持问题。

(3)烷基化反应工程及反应器、分离器等专业设备的研制。

图 6 是山东德阳化工烷基化装置工艺流程图。

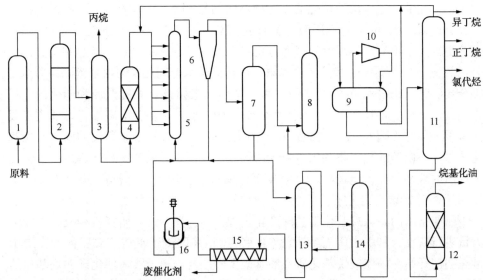

图 6    山东德阳化工复合离子液体碳四烷基化装置工艺流程图

1—原料处理塔;2—加氢反应塔;3—脱丙烷塔;4—干燥塔;5—烷基化反应器;
6—旋液分离器;7—沉降罐;8—碱洗水洗塔;9—气液分离器;10—压缩机;11—主分馏塔;
12—脱氧塔;13—萃取塔;14—溶剂回收塔;15—液固分离器;16—再生器

国产复合离子液体碳四烷基化工艺(CILA)包括四个主要系统:

(1)原料预处理系统:包括有脱甲醇、脱硫、选择性加氢异构和脱水干燥等单元。

(2)反应系统:以静态混合器为反应器,采取多点进料,保证反应器内部有较高的烷烯比。

（3）再生系统：采用密封卧螺沉降离心机方案以及氯代烃补充和活性组分补充的离子液体活性再生方案。

（4）分离系统：设计了特殊的氯代烃侧线抽出后常规异丁烷循环，保证烷基化油的质量。

该工业装置投产以来一直平稳运转，负荷率达到100%，烯烃转化率100%，主要操作参数和技术经济指标如下：

（1）主要操作参数：反应器进口平均烷烯比10∶1，反应器内酸烃体积比不小于1∶1，进料温度约11℃，循环离子液体温度约23℃，反应器出口温度约26℃。

（2）烷基化油质量：初馏点24~40℃，终馏点187~198℃，RON大于98.0，平均密度696.0kg/m³，平均饱和蒸气压41.6kPa，氯含量<5mg/L，铜片腐蚀1年。

（3）催化剂消耗：复合离子液体催化剂初始装填150t，新鲜催化剂当量消耗约4kg/t烷基化油。

（4）能耗：平均能耗130~150kg标油/t烷基化油。

（5）三废排放与处理：污水（水洗塔）约54kg/t烷基化油，碱水（碱洗塔）约54kg/t烷基化油，废催化剂通过碱洗和碱水中和以固渣形式外排，固渣量为6.8kg/t烷基化油。固渣可回收其中的催化剂活性组分，这方面仍有一些可以改进的地方。装置不产生废气。

CILA技术是一项由我国自行开发、具有自主知识产权的清洁、环保、绿色的炼油成套技术，它将在今后我国清洁汽油的生产中起到重要的作用。复合离子液体碳四烷基化技术（CILA）获得授权中国发明专利13项、国际发明专利19项。中国石化和中国石油都已经批准新建一批采用复合离子液体碳四烷基化技术（CILA）的工业装置，中国石油首套采用离子液烷基化技术年产5万吨烷基化装置已经在2017年9月2日在格尔木炼油厂破土动工。中国石化九江石化等企业也加快烷基化项目推进工作，已经有4套大型工业装置获得批准，九江石化已确定用中国石油大学的离子液体法烷基化工艺，预计中国石化石油化工科学研究院的SINOALKY硫酸法和固体酸法烷基化也将会得到工业应用。

在国际上，霍尼韦尔-UOP公司最近获得了由雪佛龙公司开发的离子液体烷基化技术（ISOALKY）的许可权。该技术已在雪佛龙公司美国盐湖城炼厂的小型示范装置运行了5年，据称可以替代目前广泛应用的硫酸或HF酸烷基化技术。但离子液体烷基化技术的经济性更好，催化剂用量也较少，ISOALKY技术在100℃条件下可将来自催化裂化装置的典型原料转化为高辛烷值的烷基化油（国产CILA

烷基化采用较低反应温度 23~26℃），大幅降低了烷基化过程对环境的污染问题，可用于新建炼厂或对现有液体酸烷基化装置改造。雪佛龙公司计划将其盐湖城炼厂的 22 万吨/年（0.504 万桶/日）HF 酸烷基化装置改造为离子液体烷基化装置，计划于 2017 年开工建设，2020 年投入运行。

由此可见，"十三五"期间我国复合离子液体碳四烷基化技术（CILA）的应用和推广将在该领域中处于世界领先地位，并将改变当前我国烷基化装置大部分依赖引进的局面。在需求面预期向好情况下，后期烷基化产业发展的重点将转向技术革新与降本增效两个方面。更环保的替代烷基化技术（固体酸烷基化技术、离子液烷基化技术）的扩展，将是我国烷基化产业提高发展质量的必然趋势。而掌握碳四资源的中国石化、中国石油下属企业将更热衷于新建产能，配套烷基化设备，完善自身石油加工产业链。对碳四深加工企业而言将更趋向于巩固现有采购渠道与开拓新的采购渠道，对已有装置进行改造升级。

### 3.1.5.1　间接烷基化技术

烷基化技术可根据所使用的原料路线不同而分为两大类，即"直接烷基化"和"间接烷基化"[20]。"直接烷基化"以异丁烷和 $C_3 \sim C_5$ 烯烃为原料，通过烷基化反应制得以异辛烷为主要组分的烷基化油，根据使用的催化剂不同分为液体酸（硫酸、HF 和离子液体）烷基化和固体酸烷基化。此外，如将催化裂化 $C_4$ 中的异丁烯二聚再加氢生产异辛烷的流程，业界称为"间接烷基化"技术。该技术异丁烯原料来源广泛，主要有催化裂化碳四、乙烯蒸汽裂解碳四和异丁烷脱氢碳四等。

间接烷基化反应由异丁烯二聚（共二聚）和异辛烯加氢两步反应构成，二聚反应过程是关键。反应方程如下：

RON=105，MON=86　　　RON=100，MON=100

RON=103，MON=86.1　　　RON=109.6，MON=99.9

丁烯叠合的主、副反应如下，其中主反应有四种，副反应有六种，表 24 是丁烯叠合的反应化学以及包括加氢后产品在内的有关描述。

表24　丁烯叠合的反应化学及其加氢产物

| 反应 | 加氢产物 | RON | MON | 沸点/℃ |
|---|---|---|---|---|
| 主反应 | | | | |
| 2 异丁烯→2,4,4-三甲基戊烯 | 2,2,4-三甲基戊烷 | 100 | 100 | 99.2 |
| 异丁烯+丁烯-2→2,3,3-三甲基戊烯 | 2,3,3-三甲基戊烷 | 106 | 99.4 | 110 |
| 异丁烯+2-丁烯→2,3,4-三甲基戊烯 | 2,3,4-三甲基戊烷 | 102.5 | 95.9 | 113 |
| 异丁烯+2-丁烯→3,4,4-三甲基戊烯 | 2,2,3-三甲基戊烷 | 109.6 | 99.9 | 112 |
| 副反应 | | | | |
| 异丁烯+1-丁烯→5,5-二甲基己烯 | 2,2-二甲基己烷 | 78 | 72 | 115 |
| 异丁烯+1-丁烯→2,5-二甲基己烯 | 2,5-二甲基己烷 | 82 | 76 | 109 |
| 2(1-丁烯)→3-甲基庚烯 | 3-甲基庚烷 | 42 | 24 | 117.2 |
| 2(2-丁烯)→3,4-二甲基己烯 | 3,4-二甲基己烷 | 82 | 76 | 116 |
| 异辛烯 + 异丁烯 → 异十二烯 | 异十二烷 | 100 | 89 | 170~180 |
| 异十二烯+异丁烯 → 异十六烯 | 异十六烯 | | | 230~250 |

### 3.1.5.2　RIPP 丁烯叠合-加氢技术

丁烯叠合可分为选择性叠合和非选择性叠合。异丁烯选择性叠合-加氢技术将混合碳四中的异丁烯在控制条件下选择性地叠合生成三甲基戊烯为主的异辛烯，然后再加氢生成异辛烷。丁烯非选择性叠合-加氢技术则是将混合碳四中的所有烯烃在较苛刻条件下叠合生成异辛烯，然后再加氢生成异辛烷，所得到产品的组成和性质与烷基化油类似。

选择性叠合反应工艺技术参数：

反应温度：60~100℃

压力：0.5~2MPa

空速(WHSV)：1~2h$^{-1}$

反应结果(与原料组成有关)：

异丁烯转化率：90%~95%

$C_8$ 烯烃选择性：≥90%

$C_8$ 中三甲基戊烯含量：≥85%

选择性叠合-加氢工艺产品性质(产品性质与原料组成及反应深度有关)：

RON：100

MON：99

蒸气压(RVP)：15kPa

密度：0.7 kg/L

初馏点：90℃

终馏点：198℃

RIPP 选择性叠合-加氢技术特点：

（1）根据叠合反应机理，发现了叠合反应的有效调控手段，可使原料异丁烯最大限度地转化为三甲基戊烯，并能控制正丁烯转化，提高产品辛烷值；

（2）优化工艺流程和设计，使产品公用工程消耗降到最低；

（3）该技术适合于 MTBE 装置改造，现有 MTBE 装置的催化剂和流程几乎无须改动就可以改产异辛烯，如更换专用的叠合催化剂和对装置进行适当改造，则装置的产能和产品质量能进一步达到最优化；

（4）实现与烷基化装置（液体酸或固体酸）的有效组合，由选择性叠合得到的未反应 $C_4$ 送入烷基化装置作为原料，可根据满足烷基化原料要求选择叠合工艺，主要是控制丁烯转化深度。

丁烯非选择性叠合工艺技术参数：

反应温度：160~220℃

反应压力：5~6MPa

空速（WHSV）：1h$^{-1}$

典型结果（与原料组成有关）：

异丁烯转化率：>95%

正丁烯转化率：60%~70%

二聚选择性：>90%

加氢部分：和选择性叠合-加氢工艺相同。

非选择性叠合-加氢技术产品性质（产品性质与原料组成有关）：

RON：96~97

MON：92~93

蒸气压（RVP）：20kPa

密度：0.7 kg/L

初馏点：85℃

终馏点：201℃

RIPP 非选择性叠合-加氢技术特点：

（1）采用负载型固体磷酸催化剂，较好解决了固体磷酸催化剂的泥化问题；

（2）虽是所有碳四烯烃都参与反应的非选择性叠合过程，但仍可通过添加调节剂和控制反应条件，提高了产物中三甲基戊烯异构体含量；

（3）主要针对没有烷基化装置的炼油企业解决碳四烯烃的利用问题，可用于新建装置也可以用于原有 MTBE 装置改造；

（4）叠合产物既可加氢生产异辛烷作为高辛烷值汽油组分，也可作为精细化工原料，还是 DCC 装置增产丙烯和乙烯的优质原料。

案例：利用叠合-加氢技术改造老的 MTBE 装置，由 MTBE 装置改造后成为选择性叠合加氢装置。图 7 是改造后选择性叠合-加氢工艺流程图(加氢部分全部

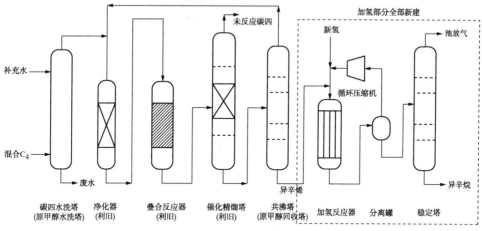

图 7　改造后选择性叠合-加氢工艺流程图(加氢部分全部新建)

新建)。以下是原有 MTBE 装置改造、利旧情况：

（1）MTBE 装置的净化器、反应器和塔器经重新设计后可再利用。

（2）大部分换热器、机泵和罐可利旧。

（3）合成 MTBE 用树脂催化剂需要升级，以提高催化剂的耐温性能和抗积炭能力。

（4）管线和阀门重新连接布置。

（5）加氢部分全部新建。

（6）预计设备利旧率达 80%。

由 MTBE 装置改造后成为非选择性叠合-加氢工艺，图 8 是改造后选择性叠合-加氢工艺流程图。

以下是原有 MTBE 装置改造、利旧情况：

（1）MTBE 装置的净化器、塔器经重新设计后利用。

碳四净化器可直接利用。

催化精馏塔改为脱碳四塔。

甲醇水洗塔可改为碳四水洗塔。

甲醇回收塔改为加氢稳定塔。

（2）大部分换热器、机泵和罐可利旧。

（3）催化剂由树脂改为固体磷酸。

（4）需新建叠合反应器及取热系统(导热油或高压热水)。

（5）管线和阀门重新连接布置。

（6）新建加氢反应器、分离罐及循环氢压机。

（7）预计设备总利旧率 70%。

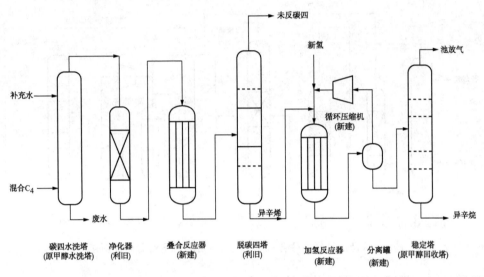

图 8　改造后选择性叠合–加氢工艺流程图

表 25 是利用叠合–加氢技术改造原有 MTBE 装置前后的产品性质及装置能耗情况（估算）。由 RIPP 开发的叠合–加氢技术已在中国石化石家庄炼化公司完成工业试验，装置运转多年，运行平稳，具备工业推广应用条件。

表 25　MTBE 装置改造前后的产品性质及装置能耗情况（估算）

| 装置 | MTBE | 选择性叠合 | 非选择性叠合 |
|---|---|---|---|
| 进料 | | | |
| 碳四（FCC）/（kg/h） | 32000 | 32000 | 32000 |
| 甲醇/（kg/h） | 2780 | 0 | 0 |
| 氢气/（Nm³/h） | | 1060 | 2000 |
| 产量/（kt/a） | 60 | 38 | 70 |
| 产品性质 | | | |
| 辛烷值 | RON117/MON101 | RON99/MON99 | RON96/MON92 |
| RVP/（kPa） | 55 | 15 | 20 |
| 产品密度/（kg/L） | 0.75 | 0.7 | 0.7 |
| 单耗 | | | |
| 蒸汽/（t/t） | 1.1 | 2 | 1.8 |
| 电/（kW/t） | 35 | 70 | 65 |
| 氢耗/（kg/t） | 0 | 20 | 20 |

间接烷基化技术的发展背景是基于解决炼厂 MTBE 产能过剩以后的出路问题。2016 年，国内 MTBE 产能 1750 万吨，实际产量约 1200 万吨，其中 91%用于汽油抗爆添加剂，今后当乙醇汽油得到大量发展以后，必然会出现 MTBE 的限制使用和 MTBE 装置的改造问题。其方案之一就是将 MTBE 装置改造为间接烷基化装置(异丁烯叠合+烯烃饱和，烯烃饱和的程度根据汽油烯烃含量定)。据介绍，一套 6 万吨/年规模，采用树脂催化剂的 MTBE 装置改造成本在 1000 万元以内，加氢部分的投资较高，如果不设置加氢，改造费用是比较低的。

间接烷基化工艺生产过程环境友好，投资较少，异辛烷产物的辛烷值高于烷基化油，蒸气压低于烷基化油，还可以利旧现有的 MTBE 装置，已成为国外现有MTBE 装置转产改造的主要途径。

表 26 是间接烷基化与直接烷基化的比较。在世界已建的烷基化产能中，液体酸($H_2SO_4$ 和 HF)烷基化技术一直占主导地位[21]，固体酸烷基化和离子液体烷基化技术还需要经过一定时间的商业化验证并积累充足的运行经验之后才能获得广泛认可，后者我国已经有工业装置投入运行，本书前面已有所阐述。

**表 26　间接烷基化与直接烷基化的比较**

| 项目 | 间接烷基化 | 直接烷基化 |
|---|---|---|
| 适用原料 | 异丁烯(以及少量 2-丁烯、1-丁烯) | 异丁烷和 $C_3 \sim C_5$ 烯烃，如富含异丁烷的催化裂化碳四 |
| 反应过程 | 二聚(异丁烯二聚成异辛烯)加氢(异辛烯加氢成异辛烷) | 加氢(双烯烃选择加氢成单烯烃)异构(1-丁烯异构化为 2-丁烯)烷基化(异丁烷和烯烃反应) |
| 生产成本 | 耗氢量较大，生产成本较高；固体酸催化剂，运行成本低 | 耗氢少，生产成本略低；产生废酸，需要对废酸进行回收处置 |
| 装置投资 | 可利旧现有 MTBE 装置改造 | 防腐材料等级高，投资高 |
| 催化剂 | 采用树脂催化剂，反应条件温和 | 液体酸(硫酸或 HF)，具有腐蚀、毒性 |
| 产品质量 | 异辛烷含量高，辛烷值高(RON 97 ~ 103)，蒸气压低(11.7kPa) | 异辛烷含量低，辛烷值稍低(RON 97 ~99)，蒸气压略高(31kPa) |

国外开发的主要烯烃叠合工艺包括美国环球油品公司(UOP)公司的非选择性叠合工艺(InAlk)、法国 IFP 的选择性叠合工艺(Selectopol)、Fortum 和 KBR 公司开发的 NExOCTANE 技术及意大利 Snamproogetti 和 CD Tech 公司开发的二聚技术CD Isoether 等。$C_4$烯烃叠合反应的催化剂主要有：固体磷酸催化剂、树脂催化剂、负载镍型催化剂、硅铝和分子筛催化剂和离子液体型催化剂等。间接烷基化通常采用大孔磺酸型阳离子交换树脂或固体磷酸作为催化剂，树脂催化剂主要用

于转化异丁烯，固体磷酸催化剂可转化正丁烯；为了提高异丁烯二聚的选择性，在反应体系中加入水、甲醇、叔丁醇等极性溶剂作为催化剂的调节剂[22,23]。

### 3.1.6 汽油 S Zorb 吸附脱硫技术

随着我国油品质量升级全面执行国Ⅳ/国Ⅴ汽油标准以后，汽油硫含量就成为新标准的一个核心指标。从世界各国到我国国Ⅳ/国Ⅴ汽油标准中汽油硫含量一般都采用不大于 10mg/kg 这样一个先进标准。如前所述，我国汽油池中催化汽油是主体成分，因此关键是炼厂要能生产相应的低硫含量催化汽油。对已配置了催化裂化原料加氢预处理的炼厂而言，其催化汽油硫含量要达到 100mg/kg 以下还是有困难的，难以实现达到 10 mg/kg 新标准。因此催化汽油脱硫就成为炼厂生产清洁汽油的必经之路。目前工业上广泛采用的有以 RSDS 和 IFP Prime-G+ 等为代表的选择性加氢脱硫技术和以 S Zorb 代表的吸附脱硫技术二大类，在我国这二大类技术都已经有多套工业装置在运行中，可以生产符合国Ⅳ/国Ⅴ汽油标准的催化汽油。

S Zorb 汽油吸附脱硫技术是一种生产低硫清洁汽油(硫含量小于 10 mg/kg)专用技术[24]，最初是由美国康菲公司(ConocoPhillips，COP)公司开发的，主要用于催化汽油的脱硫，2001 年 4 月在美国 Borger 炼厂工业试验成功，2007 年被中国石化整体收购，中国石化具有该技术完整的拥有权。2007 年开始，中国石化全面负责对该技术的后续二次开发和工程设计，以及向全球的技术转让、技术服务等全部工作。

S Zorb 汽油吸附脱硫技术基于吸附作用原理对汽油进行脱硫，通过吸附剂选择性地吸附汽油中硫醇、二硫化物、硫醚及噻吩等含硫化合物中的硫原子而达到脱硫目的。

吸附脱硫技术过程原理和加氢脱硫不同，是继加氢脱硫之后世界炼油技术发展的一个新领域。它利用某些吸附剂能选择性吸附硫醇、噻吩等含硫有机化合物原理，比加氢脱硫具有更高的反应效率(特别是对脱噻吩系硫化物)。该技术的核心是专用吸附剂的开发，吸附剂的主要成分是氧化锌、氧化镍和一些硅铝成分，在吸附脱硫过程中，汽油中的硫醇、噻吩和苯并噻吩等硫化物在氢和镍组分的催化作用下，碳硫键(C—S)发生断裂，硫原子从含硫化合物中除去留在吸附剂上，并被吸附剂中的氧化锌吸收转化为硫化锌，而烃分子则返回到烃气流中。该工艺过程不产生 $H_2S$，因而避免了硫化氢与产品中的烯烃反应生成硫醇而造成产品硫含量的增加。对于加氢脱硫过程中较难除去的噻吩系和苯并噻吩系等硫化物，在 S Zorb 吸附过程中，即使在较低的氢/噻吩比情况下，吸附脱噻吩相对反应速度是远高于加氢脱硫的反应速度，这样 S Zorb 吸附可以得到更高的脱硫率。

苯并噻吩在 S Zorb 吸附剂上脱硫反应机理如下：

$$+ 2H_2 + 吸附剂 \xrightarrow{\triangle} 吸附剂 - S +$$

S Zorb 吸附具体表现在流化床吸附器中，将原料汽油和少量氢气在压力为 0.7～2.0MPa、重时空速为 4～10h$^{-1}$ 混合加热到 340～410℃与吸附剂接触，汽油含硫可从 300～1500mg/kg 降低到 10 mg/kg 以下(脱硫率大于 97%)，过程中烃类没有变化和损失，产品辛烷值损失不到一个单位。反应后的吸附剂经氧化再生后可循环使用。该技术具有脱硫率高、辛烷值损失小、氢耗低、操作费用低的优点。和国外加氢脱硫 Prime-G$^+$ 装置比较，当生产硫含量低于 50 mg/kg 的汽油组分时，Prime-G$^+$ 装置脱硫率为 80.2%，S Zorb 装置脱硫率为 96.8%，后者高出 16.6%，如果达到同样的脱硫率，Prime-G$^+$ 装置辛烷值损失还要增加。S Zorb 装置能耗 6.75kg/t，只有 Prime-G$^+$ 装置的三分之一。当 S Zorb 装置生产硫含量低于 10mg/kg 汽油时，脱硫率可高达 99%，MON 损失为 0.4，RON 损失为 1.6。表 27 是三种当代汽油脱硫工艺技术比较，S Zorb 具有比较明显的优势[25]。

**表 27　三种汽油脱硫工艺技术比较**

| 项　　目 | Prime-G$^+$ | CDhydro & CDHDS | S Zorb |
|---|---|---|---|
| 温度/℃ | 250-320 | 250-300 | 410 |
| 压力/MPa | 2.0 | 2.0 | 2.0 |
| 空速/h$^{-1}$ | 2-4 | 3-5 | 3-5 |
| 产品硫含量/(mg/kg) | <10 | <10 | <10 |
| 液体收率/% | 99.81 | 99.73 | 99.40 |
| 化学耗氢/% | 0.21 | 0.15 | 0.18 |
| 辛烷值损失(RON) | <2.0 | <0.9 | <0.7 |
| 脱硫醇工艺 | 取消 | 需要 | 取消 |
| 能耗/(MJ/t) | 1088.57 | 1046.70 | 502.42 |

S Zorb 装置主要包括进料与脱硫反应、吸附剂再生、吸附剂循环和产品稳定四个部分。图 9 是 S Zorb 装置工艺流程简图。

S Zorb 工艺流程具有以下特点：

(1) 反应器为流化床操作，反应物料自反应器下部进入，采用热高分罐、循环氢加氢流程。

(2) 吸附剂连续再生，再生器为流化床氧化反应，再生空气一次通过。

(3) 反应部分为高压临氢环境，再生部分为低压含氧环境，闭锁料斗步序控

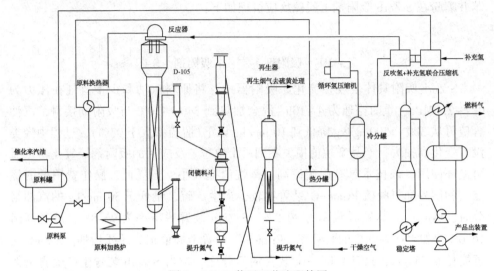

图9　S Zorb 装置工艺流程简图

制实现氢氧环境、高低压环境的隔离和吸附剂的输送。

（4）再生部分设置内取热系统，用于降低再生器和再生器接收器内部温度。

（5）再生器内通过旋风分离器+自动反吹精密过滤器实现气固分离；反应器采用伞帽+顶部自动反吹精密过滤器实现气固分离；闭锁料斗、吸附剂储罐等设备也设置了精密过滤器。

2007 年中国石化收购 S Zorb 技术后，针对国内外 S Zorb 装置普遍面临开工周期短（3 个月左右）、吸附剂消耗大、运行不稳定等问题，进行了引进技术的消化吸收工作，取得了重大突破。现已发展到第三代工业装置，首批 8 套国产化装置已于 2007 年 6 月至 2010 年 11 月期间全部开车运行，情况良好。这些 S Zorb 装置投产运行时间见表 28，标定详细情况见表 29。

第二代 S Zorb 技术在反应技术方面的改进主要是提高反应压力、提高反应温度和降低轻烃比，从而导致反应器体积减少；在吸附剂再生方面的改进是将含氧为 2%气体循环再生改为空气一次通过式再生，从而可减少再生系统设备及设备投资费用；对反再循环输送方式的改进就是采用单个闭锁料斗，简化了吸附剂输送流程，但闭锁料斗控制的复杂性和操作苛刻度有相应提高。此外，还有改进原料过滤器和加热炉增加对流室提高加热炉效率等措施。

第二代 S Zorb 装置运行中普遍存在连续运行时间短的现象，主要问题是反应器过滤器反吹频繁导致失效、吸附剂输送困难、闭锁料斗附近吸附剂阀门失效快等问题，中国石化组织力量进行了系统的技术创新和改进，又开发出第三代 S Zorb 技术，主要改进措施有[26]：

（1）新型反应器过滤器及降尘器的开发与应用。

（2）开发降低吸附剂失活的再生技术。

（3）设置二组原料与反应产物换热器。

（4）改进闭锁料斗及吸附剂输送系统。

第三代 S Zorb 装置(产能 120 万吨/年)于 2011 年 11 月开工，已连续运行 33 个月，长运行周期充分证明了第三代 S Zorb 技术的可靠性或先进性。第一代 S Zorb 装置生产周期大多只有 3~6 个月；第二代镇海炼化 S Zorb 装置第一生产周期历时 26 个月；第三代 S Zorb 装置连续运行 33 个月，目前连续运转周期已达 41 个月，创国内外同类装置运行最佳水平。目前除美国有 7 套 S Zorb 装置外，中国石化先期建设的 8 套装置中北京燕山石化 S Zorb 装置(产能 120 万吨/年)属第一代外，中国石化其余 7 套 S Zorb 装置均为自主工程设计、施工、投用的第二代 S Zorb 装置。装置也日趋大型化，上海石化 S Zorb 装置产能达到 150 万吨/年。该技术目前国内已建成 31 套工业装置，在建装置 5 套，总加工能力超过 4000 万吨/年，可减少 $SO_2$ 排放量在 2 万吨/年以上，产生了重大的经济效益和社会效益，已成为国内汽油质量升级的主要炼油脱硫工艺之一。表 30 是我国某炼厂汽油池主要组分性质(2017 年)。该厂生产的 S Zorb 催化汽油除了保持高辛烷值外，具有极低的硫含量(硫含量为 1.23mg/kg)，烯烃体积含量也不高(14.18%)，可以直接作为国Ⅵ标准汽油池的调合组分(国ⅥA/B 标准汽油烯烃体积含量规定≯18/15%)，芳烃体积含量为 27.01%属于中等水平，小于国Ⅵ标准汽油芳烃体积含量≯35%的要求，可见我国炼厂生产的 S Zorb 催化汽油完全能满足生产国Ⅵ标准汽油的要求，是一种优良的汽油调合组分，尤其是硫含量方面的余地很大。

**表 28　S Zorb 装置国产化后首批 8 套工业装置**

| 装置 | 规模/(Mt/a) | 原料设计硫含量/(mg/kg) | 产品设计硫含量/(mg/kg) | 投产时间 |
|---|---|---|---|---|
| 燕山石化 | 1.2 | 300 | 5~10 | 2007.6 |
| 高桥石化 | 1.2 | 600 | 10 | 2009.9 |
| 济南石化 | 0.9 | 800 | 10 | 2009.12 |
| 镇海炼化 | 1.5 | 600 | 10 | 2009.12 |
| 广州石化 | 1.5 | 600 | 10 | 2010.1 |
| 齐鲁石化 | 0.9 | 750 | 10 | 2010.2 |
| 沧州石化 | 0.9 | 1100 | 10 | 2010.3 |
| 长岭石化 | 1.2 | 950 | 10 | 2010.11 |

表 29　S Zorb 首批 8 套装置标定情况

| 装　置 | 标定时间 | 原料/产品硫含量/(mg/kg) | 能耗(标油)/(kg/t) | 剂耗/(kg/t) | 汽油收率/% | 道路辛烷值损失 |
|---|---|---|---|---|---|---|
| 燕山石化 | 2009.3.25~27 | 280/10 | 8.93 | 0.072 | 99.64 | 1 |
| 高桥石化 | 2010.1.14~16 | 390/11.6 | 8.74 | 0.06 | 99.08 | 0.3 |
| 济南石化 | 2010.8.5~7 | 726/39 | 9.15 | — | 99.16 | 0.6 |
| 镇海炼化 | 2010.8.14~15 | 313/10 | 7.6 | 0.028 | 98.9 | 0.4 |
| 广州石化 | 2010.6.10~12 | 250/3.2 | 6.9 | | 99.26 | 0.5 |
| 齐鲁石化 | 2010.12.23~25 | 446/8 | 6.76 | 0.016 | 99.15 | 0.6 |
| 沧州石化 | 2010.6.9~10 | 638/15.2 | 9.28 | 0.07 | 99.03 | -0.5 |
| 长岭石化[①] | — | 700/90 | 9.26 | 0.14 | 99.10 | 0.5 |

①长岭石化 S Zorb 为操作数据。

表 30　我国某炼厂汽油池主要组分性质(2017 年)

| 组　分 | S Zorb 汽油 | 重整汽油 | MTBE | 烷基化油 |
|---|---|---|---|---|
| 硫/(mg/kg) | 1.23 | 1 | 1.86 | 1.5 |
| 烯烃体积含量/% | 14.18 | 1.62 | 0.1 | 1.4 |
| 芳烃体积含量/% | 27.01 | 87.78 | 0.1 | 3.06 |
| 苯体积含量/% | 0.75 | 0.38 | 0.1 | 0.492 |
| RON | 90.13 | 107.75 | 111 | 95.91 |
| MON | 80.1 | 86.77 | 98 | 92.24 |
| 密度/(g/cm³) | 0.7372 | 0.8488 | 0.7408 | 0.6969 |
| 初馏点/℃ | 33.23 | 106.46 | 54.0 | 35.21 |
| 10%馏出温度/℃ | 51.89 | 118.16 | 54.2 | 72 |
| 50%馏出温度/℃ | 98.61 | 134.57 | 54.5 | 105.3 |
| 90%馏出温度/℃ | 171.8 | 167.09 | 54.7 | 120.4 |
| 终馏点/℃ | 200.4 | 211.58 | 55.1 | 187.24 |
| 蒸气压/kPa | 60.5 | 6.0 | 54 | |
| 氧含量/% | | | 18.2 | 0.243 |

S Zorb 吸附剂研发和制备：

在中国石化买断 S Zorb 技术前，美国 COP 公司分别与 Englhard 公司、南方化学公司合作研发了 5 代 S Zorb 吸附剂，但南方化学公司不向中方转让生产技术。为此，中国石化有关炼厂要付出高额吸附剂采购费用，如燕山石化每年支付费用超过 1600 万元人民币。此后，中国石化石油化工科学研究院自行研发的

FCAS 系列专用吸附剂的性能已达到世界先进水平，在优化黏结剂组分、可胶溶微球均匀浸渍技术和锌化学态控制技术等方面都取得了重大的研究成果，并且产品返销美国。中试数据表明，国产 FCAS 系列吸附剂和国外剂 Gen Ⅳ 比较，在相同的脱硫性能下，其辛烷值损失更小，同时具有较好的流态化性能、耐磨性能和活性稳定性。表 31 是 FCAS 吸附剂主要质量指标。最近，由 RIPP 研制开发的新一代高稳定性催化剂 FCAS-11 已通过技术评议，该催化剂在水热老化条件下，生成硅酸锌的反应活化能更高，稳定性更好，为今后国Ⅵ清洁汽油的生产提供可靠的技术支持。

**表 31　FCAS 吸附剂主要质量指标**

| 项目 | 指标 | 项目 | 指标 |
|------|------|------|------|
| 化学组成/% | | 粒度分布/% | |
| $Al_2O_3$ | ≥10 | $0\sim20\mu m$ | 4 |
| $SiO_2$ | ≥12 | $0\sim40\mu m$ | 18 |
| NiO | ≥19 | $0\sim140\mu m$ | 94 |
| ZnO | ≥48 | $APS\mu m$ | $65\sim85$ |

中国石化新一代 S Zorb 汽油吸附脱硫技术通过催化剂制备技术和工艺及工程技术多方面的创新，技术水平有了质的提升，在脱硫率 99% 的前提下，RON 损失仅为 0.3~1.0，能耗为 5~7kg 标油/t 进料。新一代 S Zorb 技术彻底地解决了原有技术存在的工艺匹配性能低、能耗及剂耗高、运转周期短等问题，产品质量完全能满足生产国Ⅵ标准汽油的要求（见表 29），整体技术达到更成熟、更高的水平，是我国炼油工业对引进技术成功进行二次开发的一个好典型。当前国内清洁汽油升级换代任务非常急迫，S Zorb 汽油吸附脱硫技术已具备向国内炼厂全面进行推广的条件。

## 3.1.7　高标号清洁汽油生产方案

前已指出，我国车用汽油池中催化汽油约占 70% 左右，占车用汽油的绝大部分，高于国际水平有一倍之多（见表 7、表 8）。由于新一代催化汽油吸附脱硫 S Zorb 技术可以彻底地解决原有技术存在的工艺匹配性能低、能耗及剂耗高以及运转周期短等问题，产品质量能较好满足国Ⅵ清洁汽油标准的要求（见表 30），已经在我国炼油工业中得到全面推广。估计今后相当一段时间内我国还将以催化汽油为基础来生产车用汽油。同时，随着其他炼油二次加工工艺的发展，汽油组成已经开始有所变化，主要是重整汽油（包括除去苯之外的轻芳烃）比例在本世纪初起已经上升到 20% 左右，醚类基本上维持在个位数，预计其他变化较大的将可能是烷基化油和异构化油比例有所增加，但二者总和估计不会超过 10%左右。

以催化汽油生产车用汽油而言，可以有两个方案，方案一是 MIP 催化裂化+催化汽油脱硫(GDS)+烷基化/异构化+醚化/MTBE；方案二是常规 FCC+催化汽油脱硫(GDS)+烷基化/异构化+醚化/MTBE。表 32 是国内某炼厂前几年在催化 MIP 改造前后生产车用汽油工业数据变化情况的总结。由表可知，方案一(MIP 催化裂化方案)可以直接生产 95 号国 V 清洁汽油，汽油收率高 4.44%，方案二(常规 FCC 方案)只能生产 92 号国 V 清洁汽油，收率较低，要生产牌号更高的汽油，必须再添加其他高辛烷值组分。可见以 MIP 催化裂化为代表的方案一具有更好的经济和社会效益。

表 32　某炼厂调合生产车用汽油产率和性质比较

| 方　　案 | 产率/% | RON | 烯烃体积含量/% | 硫含量/(mg/kg) |
|---|---|---|---|---|
| 方案一(MIP 方案) | | | | |
| 烷基化油 | 7.61 | 94.5 | | |
| 催化汽油 | 40.76 | 92.5 | 29.4 | 9.0 |
| 调合汽油 | 48.37 | 约92.8 | <25 | <10 |
| MTBE | 5.40 | 121 | | |
| 调合汽油 | 53.77 | 95.6 | <25 | <10 |
| 方案二(常规 FCC 方案) | | | | |
| 烷基化油 | 6.11 | 94.5 | | |
| 催化汽油 | 38.21 | 90.3 | 32.0 | 9.0 |
| 调合汽油 | 44.32 | 约90.8 | 约27.5 | <10 |
| MTBE | 5.01 | 121 | | |
| 调合汽油 | 49.33 | 93.8 | 约24.7 | <10 |

从 2018 年底以后，预计我国汽油将在较长一段时间内使用国 VI 标准，在汽油调合组分方面除了继续以催化汽油为主外(主要针对 92# 汽油)，重整汽油和芳烃的使用量将有所增加，同时随着烷基化产能增加，尤其是中国石化、中国石油等大公司的新烷基化装置的投产，预计到 2020 年前后烷基化油的使用量将有一个突破，如果乙醇汽油产量能满足需要的话，从 2020 年起 MTBE 的使用量也可能出现一个直线下降的局面。表 33 是一个考虑到 MTBE 还使用时的国 VI 汽油生产调合组分方案，汽油生产以 92# 汽油为主，还生产市场需要的 95# 汽油和 98# 等两种高标号清洁汽油，它们的产量比例分别是 68.29%、26.70%和 5.01%。对于后面二种牌号汽油，随着辛烷值的上升，其催化汽油比例有大幅度下降，烷基化油比例相应上升，二者基本相当。表 34 是调合得到的国 VI 汽油主要质量指标情

况，由表可见，所得国Ⅵ汽油是一种超低硫和低烯烃含量的清洁汽油，三种汽油的硫含量均小于 2 mg/kg，远低于小于 10 mg/kg 的标准要求，完全可以和美国新配方汽油(RFG)质量媲美。

表 33　国Ⅵ汽油生产调合方案

| 项　　目 | 92#汽油 | 95#汽油 | 98#汽油 |
|---|---|---|---|
| S Zorb 催化汽油/% | 61.68 | 26.40 | 17.8 |
| 重整汽油/% | 12.63 | 14.00 | 13.0 |
| MTBE/% | 4.72 | 4, 50 | 12.4 |
| 轻石脑油/% | 7.33 | 7.10 | 9.5 |
| 烷基化油/% | 0.70 | 18.80 | 23.5 |
| 甲苯/% | 0, 027 | | 14.3 |
| 芳烃/% | 0.61 | 10.20 | |
| 其他/% | 12.33 | 18.90 | 14.5 |
| 产量比例/% | 100 | 39 | 7.3 |

表 34　调合得到的国Ⅵ汽油主要质量指标

| 项　　目 | 92#汽油 | 95#汽油 | 98#汽油 |
|---|---|---|---|
| 硫含量/(mg/kg) | 1.51 | 1.8 | 1.65 |
| 烯烃体积含量/% | 9.96 | 5.47 | 4.44 |
| 芳烃体积含量/% | 31 | 32.9 | 32.7 |
| RON | 92.49 | 95.28 | 98.5 |
| MON | 81.99 | 85.06 | 87.76 |
| 氧含量/% | 1.52 | 1.73 | 2.54 |

# 3.2　清洁柴油生产技术

## 3.2.1　清洁柴油生产的特点和难点

我国是一个发展中国家，也是一个高能耗国家，2015 年全国万元国内生产总值能耗为 0.635 吨标准煤。2016 年，全国能源消费总量为 43 亿吨标准煤，GDP 总量为 74.4 万亿元，万元国内生产总值能耗为 0.58 吨标准煤。2017 年，全国能源消费总量 44.9 亿吨，以年均 2.2%的能源消费增速支持了国内生产总值年均 7.1%的增长，为我国生态文明建设、国民经济高质量发展提供了重要支撑。

有研究指出，中国单位 GDP 的能耗是日本的 7 倍、美国的 6 倍，甚至是印度的 2.8 倍，所以提高能效，降低能耗应该是一项重要的能源政策。和汽油相比，柴油是一种更高能效的油品，用途比较广泛。因此，从节能降耗目的出发使用高能效油品包括更大力度推广使用柴油在内的工作应是我国能源政策的当务之急。

纵观我国油品质量升级换代过程，我国柴油标准升级过去一般都比汽油滞后，这里面有它一定的客观原因，但近年来柴油标准升级工作已经跟上来了，国 V 标准柴油已经逐步赶上国际水平。如前所述，当前油品质量升级的国际趋势是从限制杂质为主阶段进入到优化油品的烃族组成和馏分分布等为主阶段，汽油标准将主要是限制其中烯烃/芳烃含量（硫含量仍维持在 10 mg/kg 以下），而柴油主要是限制硫含量和多环芳烃含量，至于馏程、蒸气压、密度等指标的修正和优化，从技术角度分析应该讲难度不大。我国柴油国 V/国 VI 标准指标主要内容是限制硫含量和控制多环芳烃含量，硫含量维持在 10 mg/kg 以下，多环芳烃质量分数的限值从国 V 标准中不大于 11% 下降到国 VI 标准的 7%（见表 6），已略低于欧盟使用的车用柴油标准 8% 的指标（EN 590：2013），二者相比，国 VI 柴油标准低一个百分点。

生产低标准柴油的流程比生产汽油流程简单，成本也比较低。当前我国柴油生产的特点和难点是我国商品柴油池中加氢精制柴油比例少而催化裂化柴油（催化轻循环油 LCO）比例较高，一般达到 30% 左右。国内炼油企业过去生产硫含量比较高的低标准柴油时，由于当时市场柴油紧缺，需要较高消费柴汽比。大部分催化裂化轻循环油（LCO）常直接用于作为柴油的调合组分，故又称它为催化柴油，商品柴油池中其余柴油调合组分包括直馏柴油、加氢裂化柴油和加氢焦化柴油等。国外催化 LCO 一般作为燃料油组分不进入柴油池中。

造成这种情况的根本原因是我国是一个催化裂化大国，2015 年催化裂化产能约占原油加工能力的 31.09%（表 14），而世界上平均为 18%。目前，我国催化裂化总加工能力为 2 亿吨/年左右。催化裂化轻循环油（简称 LCO）是催化裂化的主要副产物之一，其产率约为 25%，2015 年全国 LCO 总产量达到 4000 万吨/年左右。在车用柴油质量要求不高的时代，由于柴油供应一直比较紧张（除交通运输业外，大量用于农业和发电），LCO 通常是作为柴油的调合组分使用。但随着环保要求的提高和柴油质量标准的不断提升，车用柴油除了硫含量要求小 10μg/g（国 IV/国 V 标准）外，车用柴油标准还要求提升十六烷值和严格控制多环芳烃含量，LCO 因其十六烷值很低且在常规加氢精制中改质困难而不宜直接作为柴油调合组分。LCO 中富含芳烃，即便石蜡基原料的催化裂化 LCO 芳烃总含量也达到 60% 以上，中间基类原料的催化裂化 LCO 的芳烃含量更达到 80% 以上。作为一种在柴油池中为低品质组分的 LCO 馏分，如何将其芳烃资源加以合理利用，生产高附加值的石油产品或芳烃化工原料备受石化科技工作者关注。

表 35 是我国某大型炼厂柴油加氢装置原料性质的工业数据。表 36 是直馏柴油和催化柴油烃类组分比较，可以看出催化柴油中芳烃和多环芳烃含量要远远高于直馏柴油，成为加氢脱芳的难题。

表 35　我国某炼厂柴油加氢装置原料的性质

| 项　目 | 催化柴油 | 焦化柴油 | 直馏柴油 |
|---|---|---|---|
| 密度(20℃)/(kg/m³) | 928 | 863 | 842 |
| 馏程/℃ | | | |
| 初馏点 | 189 | 167 | 205 |
| 10%馏出温度 | 236 | 238 | 239 |
| 30%馏出温度 | 263 | 268 | 259 |
| 50%馏出温度 | 286 | 292 | 279.5 |
| 70%馏出温度 | 318 | 316 | 304 |
| 90%馏出温度 | 350 | 342 | 333 |
| 95%馏出温度 | 361 | 354 | 343 |
| 氮含量/(μg/g) | 1541 | 2168 | 149 |
| 硫含量/(μg/g) | 5588 | 7648 | 1796 |
| 十六烷指数 | 31.1 | 31.6 | 51.3 |

表 36　直馏柴油和催化柴油烃类组成分析结果

| 馏分烃类组成 | 直馏柴油(质量分数)/% | 催化柴油(质量分数)/% |
|---|---|---|
| 链烷烃 | 44.0 | 14.3 |
| 一环烷烃 | 7.8 | 0.1 |
| 二环烷烃 | 16.7 | 0.2 |
| 三环烷烃 | 3.8 | 0.7 |
| 总环烷烃 | 28.3 | 1.0 |
| 总饱和烃 | 72.3 | 15.3 |
| 烷基苯 | 7.8 | 10.1 |
| 茚满或四氢萘 | 4.6 | 0 |
| 茚类 | 2.0 | 6.8 |
| 总单环芳烃 | 14.4 | 16.9 |
| 萘 | 0.2 | 8.3 |

续表

| 馏分烃类组成 | 直馏柴油(质量分数)/% | 催化柴油(质量分数)/% |
|---|---|---|
| 萘类 | 5.1 | 53.4 |
| 苊类 | 1.9 | 6.1 |
| 苊烯类 | 5.3 | 0 |
| 总双环芳烃 | 12.5 | 67.8 |
| 三环芳烃 | 0.8 | 0 |
| 总芳烃 | 27.7 | 84.7 |
| 总量 | 100.0 | 100.0 |

  从市场经济角度出发，油品的消费柴汽比数据反映出不同历史阶段中市场对汽油和柴油的不同需求。从资源利用角度分析，不同的原油、不同的加工方案也需要确认有一个合理的、适合国情的柴汽比范围的存在。炼厂降低柴汽比，首当其冲是炼厂催化 LCO 不再作为柴油的主要调合组分使用，而将其一部分作为芳烃或汽油组分生产的原料，LCO 转化是一类需要使用更多氢气和能耗的临氢过程，同时其中一部分原料烃类转化为气体，导致炼厂液收率降低和加工成本上升。对于一些缺乏 LCO 加氢转化的炼厂而言，目前沿海炼厂(包括一些地方性炼厂)做法是将一定量柴油进行出口，更有些炼化一体化的炼厂将柴油送回乙烯厂作为裂解原料，有的乙烯装置原料中轻柴油比例可达到 19.1%[27]。众所周知，由于柴油中含有一定量的芳烃，后者是乙烯裂解过程中生焦前身物，因此柴油作为乙烯裂解原料是不合理的，也是不符合乙烯工业发展原料轻质化方向的。加大拓宽柴油的国内用途，维持一个适合国情的消费柴油比，值得引起国家有关部门重视。

  近年来，我国炼厂普遍配置了国产化的大型柴油中压加氢精制装置，加氢精制能力已接近原油加工能力的一半左右，2000 年加氢精制能力占常压蒸馏能力比例为11.2%，2015 年已迅速提升到46.8%(表14)，此比例还在上升。近年来，柴油质量有了突飞猛进的进步与此是有直接关系的。

  采用常规的中压加氢精制以及高活性加氢催化剂，在中等或略高于中等压力的加氢条件下可有效脱除 LCO 中的硫、氮杂质，颜色和安定性得到一定的改善，但在要降低密度和提高十六烷值尤其是降低多环芳烃含量方面的功能和作用方面还有限。由于近年来开发了其他的一系列旨在提升柴油质量的工艺技术，我国炼厂生产的柴油质量有了大幅度提升，其中如柴油硫含量、多环芳烃含量等一些涉及油品清洁性的重要指标已低于新标准要求。

  总之无论是清洁柴油生产还是加大拓宽柴油的国内用途，维持一个适合国情的消费柴油比，其中一个核心问题是研究催化 LCO(催化柴油)的加工方向，一个方向是通过混合加氢方式将一部分 LCO 加氢成为清洁柴油；另一个方向是 LCO 转化为高辛烷值汽油和石油芳烃。

本书以下将首先讨论混合原料常规中压柴油加氢精制工艺，然后对一些围绕生产国Ⅴ/国Ⅵ标准柴油和 LCO 转化国内新开发的加氢工艺展开讨论，必要的基础理论也一并简要地进行介绍。

### 3.2.2 混合原料中压柴油加氢精制

前已指出，在炼厂中，采用加氢精制工艺生产柴油的流程比较简单，成本也低，一直是我国生产优质柴油的传统工艺。实践已经证明，在相似条件下，直馏柴油和裂化柴油的混合加氢比各自单独加氢的饱和效果更好，目前我国炼厂大多采用直馏柴油和裂化柴油混合原料加氢工艺。因此，今后炼厂生产国Ⅴ/国Ⅵ标准柴油时首先要考虑的是用好、开好现有的已建成的一批中压加氢精制装置，通过对催化剂更新换代和在混合原料加氢过程中采用优化、调整原料中 LCO 比例等措施，是可以生产出合格的国Ⅴ/国Ⅵ标准柴油产品的。这一充分利用现有的柴油中压加氢装置，继续发挥其潜力来生产清洁油品的观点已为国内许多炼厂的实践所证明。也就是讲炼厂当前比较简单而且有把握的方案就是考虑将直馏柴油和二次加工柴油进行混合后进行加氢处理，通过必要的技术创新和技术改造对生产国Ⅴ/国Ⅵ标准柴油是有重要帮助的。

案例1：采用超深度加氢脱硫催化剂[28]

我国某加工劣质原油大型炼油厂（炼厂 Zh）在一套 6.0MPa 中压加氢装置上成功使用壳牌最近研发的柴油超深度加氢脱硫催化剂 DN-3636 来加工催化柴油（LCO）和焦化柴油混合原料时生产国Ⅴ柴油得到较满意结果。得到的加氢柴油硫含量≯8mg/kg，多环芳烃含量 9.3%。已基本上接近 8% 的指标。该厂生产国Ⅴ柴油时主要通过提高反应温度，如果条件进一步优化，如将加氢反应压力提升至 8.0MPa，同时适当调入一些低多环芳烃含量的其他柴油组分（如加氢裂化轻柴油等）后生产多环芳烃含量 8% 的国Ⅵ标准柴油是可能的。

CENTERA DN-3636 催化剂是壳牌标准催化剂公司 2013 年开发的一种镍钼型加氢催化剂，使用该催化剂生产时主要操作条件见表 37，原料和产品性质见表 38，产品中多环芳烃含量在 9.3% ~ 10% 之间，达到较高水平。据了解该催化剂和国内生产的加氢催化剂比较还具有较好的性价比。这个案例表明，提升加氢精制催化剂性能和催化剂更新换代是生产国Ⅴ/国Ⅵ标准柴油技术创新方面的主要内容。

**表 37　生产国Ⅳ和国Ⅴ柴油时主要加氢操作条件（CENTERA DN-3636 催化剂）**

| 项　目 | 生产国Ⅳ柴油 | 生产国Ⅴ柴油 |
|---|---|---|
| 反应器入口压力/MPa | 6.06 | 6.09 |
| 反应器入口氢分压/MPa | 5.30 | 5.36 |
| 体积空速/h⁻¹ | 1.74 | 1.74 |
| 氢油体积比 | 300 | 300 |
| 反应器入口温度/℃ | 331 | 340 |
| 反应器总温升/℃ | 42 | 40 |
| 反应器床层平均温度/℃ | 358 | 367 |
| 装置耗氢量/% | 1.02 | 1.12 |

**表 38　原料和加氢产品性质（壳牌 CENTERA DN-3636 催化剂）**

| 项　目 | 混合原料 | 国Ⅳ柴油产品 | 国Ⅴ柴油产品 |
|---|---|---|---|
| 密度（20℃）/（kg/m³） | 861.8 | 844.4 | 841.2 |
| 馏程/℃ | | | |
| 　初馏点 | 205 | 205 | 201 |
| 　50%馏出温度 | 292 | 285 | 282 |
| 　90%馏出温度 | 349 | | |
| 　95%馏出温度 | 363 | 360 | 358 |
| 总硫/% | 1.08 | | |
| 氮含量/（μg/g） | 493 | 5.4 | 2.0 |
| 硫含量/（μg/g） | | 37 | 6.3 |
| 酸度/（mgKOH/100mL） | 21 | | |
| 溴价/（gBr/100g） | 16.12 | | |
| 凝点/℃ | -13 | | |
| 十六烷指数 | 46.6 | 50.1 | 50.4 |
| 多环芳烃/% | | 10 | 9.3 |
| 总芳烃/% | | 33.1 | 29.7 |

案例 2：采用 FHUDS-5/FHUDS-6/FHUDS-8 级配加氢催化剂改造和其他催化剂使用

最近报道，我国某加工劣质原油大型炼油厂（炼厂 J）一套加工能力为 2.5Mt/a 中压柴油加氢装置，为了适应生产国 Ⅵ 标准柴油，经过改造增加了一个反应器，将空速降低到 1.0h⁻¹，采用中国石化抚顺石油化工研究院（FRIPP）开发的 FHUDS-5/ FHUDS-6/FHUDS-8 级配加氢催化剂，采用混合原料成功生产出国

V/国 VI 标准清洁柴油。催化剂采用 S-RASSG 级配装填技术，一反上、下装填 FHUDS-5/ FHUDS-6 催化剂，主要产生芳烃加氢饱和反应，二反上、下装填 FHUDS-8 和 FHUDS-5，实现超深度脱硫反应。生产标定结果见下[29]：

（1）混合原料及产品性质

混合原料为直馏柴油、催化柴油和焦化柴油。控制催化柴油比例≤20%（实际为15%），控制焦化柴油比例≤15%（实际为13%）。表39为混合原料和柴油产品性质。产品性质均能满足国VI标准要求，密度降低了 20.7 kg/m³，低于标准 845kg/m³ 的规定，十六烷值提升了 6 个单位，多环芳烃体积含量为3.9%，小于标准≤7%的规定。

表 39　混合原料和加氢产品性质

| 项　　目 | 混合原料 | 国VI柴油产品 |
|---|---|---|
| 密度（20℃）/（kg/m³） | 864.6 | 843.9 |
| 馏程/℃ | | |
| 　初馏点 | 210 | 209 |
| 　50%馏出温度 | 281 | 274 |
| 　90%馏出温度 | 334 | 329 |
| 　95%馏出温度 | 349 | 346 |
| 总硫/（µg/g） | 6303 | 4.0 |
| 氮含量/（µg/g） | 498.2 | 2.0 |
| 硫含量/（µg/g） | | 6.3 |
| 酸度/（mgKOH/100mL） | | |
| 溴价/（gBr/100g） | 5.86 | |
| 凝点/℃ | -10 | -9 |
| 十六烷值 | 44.7 | 51 |
| 十六烷指数 | 45.5 | 50.4 |
| 多环芳烃/% | | 3.9 |

（2）操作条件

表40是生产国VI标准柴油标定时采用的操作条件。反应器总温升55℃，与初期设计的温升比较较小。其中一反温升46.1℃，高于设计温升；二反上层温升也高于设计值，二反下层温升稍低于设计值，主要是再生后的 FHUDS-6 催化剂深度脱硫、脱氮活性不及新鲜的 FHUDS-8 催化剂，FHUDS-8 催化剂活性完全可以满足大分子硫化物的脱除要求。

表40 生产国Ⅵ柴油标准操作条件

| 项目 | 国 Ⅵ 柴油 |
| --- | --- |
| 一反应器入口氢分压/MPa | 7.40 |
| 新氢总量/(m³/h) | 33688 |
| 体积空速/h⁻¹ | 0.831 |
| 反应总平均温度/℃ | 334.5 |
| 一反应器上层入口温度/温升/℃ | 310.1/23.8 |
| 一反应器下层入口温度/温升/℃ | 335.2/22.3 |
| 二反应器上层入口温度/温升/℃ | 348/12.3 |
| 二反应器下层入口温度/温升/℃ | 358.1/5.2 |
| 反应器总温升/℃ | 55 |
| 装置耗氢量/% | 0.764 |

抚顺石油化工研究院开发的 FHUDS-5、FHUDS-8 及 FTX 体相催化剂级配体系也已在我国某炼厂(炼厂 L)成功生产国 Ⅵ 标准的柴油产品,该厂在不改变柴油加氢装置现有条件的情况下,通过优化原料配比及性质、降低空速、优化操作条件等措施,于 2017 年 7 月起成功生产出国 Ⅵ 标准柴油产品,为全厂带来了可观的经济效益。

我国某炼厂(炼厂 CH)采用石油化工科学研究院开发的 RS-2100 和 RS-2000 催化剂装填的 RTS 加氢工艺也可以满足长周期生产国 Ⅴ 清洁柴油产品的要求。标定结果表明,处理硫含量为 3200μg/g、碱氮含量为 153μg/g 的混合原料油,在反应器入口压力 8.0MPa、入口温度 320℃、催化剂床层平均温度 345℃、主催化剂体积空速 1.9h⁻¹ 的条件下,柴油产品硫含量为 5μg/g,十六烷值 51.5,满足国 Ⅴ 标准柴油质量标准。

案例 3:合理控制加氢混合原料中 LCO 比例

2017 年上半年我国北方一些炼厂在国家环保部等 4 部门和北京、天津、河北等 6 省市发布《京津冀及周边地区 2017 年大气污染防治工作方案》,要求"2+26"城市于 2017 年 9 月底前全部供应符合国 Ⅵ 标准的车用汽柴油要求。开始由生产国 Ⅴ 标准柴油转向生产国 Ⅵ 标准柴油,情况还是较顺利的。如某炼厂(炼厂 L)在保留原用的催化剂体系的基础上,除了对一些工艺条件进行适当的优化外,重点是控制好进料中催化柴油的比例,生产国 Ⅴ 标准时催化柴油原比例为 22.21%,生产国 Ⅵ 标准时催化柴油实际比例下降到 14.19%(外加焦化柴油比例为 18.09%),可以得到符合国 Ⅵ 标准的柴油。表 41 为国 Ⅵ 柴油质量升级前后原料配比变化情况。表 42 是生产的国 Ⅵ 标准柴油性质,硫含量、十六烷值和多环芳烃等主要指标全部满足国 Ⅵ 标准并留有一定的余地。

表 41  某炼厂(炼厂 L)国 VI 柴油质量升级前后原料配比 %

| 原料种类 | 国 V 柴油 | 国 VI 柴油 | 原料变化率 |
|---|---|---|---|
| 直馏柴油 | 42.52 | 45.22 | 2.70 |
| 催化柴油 | 22.21 | 14.19 | -8.02 |
| 蜡油加氢柴油 | 20.79 | 15.27 | -5.52 |
| 焦化柴油 | 8.06 | 18.09 | 10.03 |
| 焦化汽油 | 6.42 | 7.22 | 0.80 |

表 42  某炼厂(炼厂 L)国 VI 标准柴油性质

| 分析项目 | 国 V 柴油 | 国 VI 柴油 |
|---|---|---|
| 密度/(kg/m$^3$) | 845.2 | 833.34 |
| 20℃黏度/(mm$^2$/s) | 4.964 | |
| 馏程/℃ | | |
| 　初馏点 | 183.4 | 182.0 |
| 　10% | 226.2 | 219.0 |
| 　50% | 271.8 | 265.6 |
| 　90% | 326.4 | 325.0 |
| 　95% | 341.4 | 346.0 |
| 　终馏点 | 363.4 | 360.8 |
| 闪点/℃ | 62.5 | 63.50 |
| 凝点/℃ | -3 | — |
| 铜片腐蚀/级 | 1a | 1a |
| 总硫/(μg/g) | 9 | 6.09 |
| 总氮/(μg/g) | 7.76 | — |
| 酸度/(mgKOH/100mL) | 1.12 | — |
| 10%残炭/% | 0.06 | — |
| 十六烷值 | 48.9 | — |
| 十六烷指数 | 49.4 | 53.16 |
| 多环芳烃/% | 9.3 | 6.0 |

### 3.2.3  馏分油加氢脱芳烃

馏分油加氢目的主要包括有脱硫、脱氮、脱烯烃和脱芳烃等功能,其中脱芳烃功能和国 V/VI 标准清洁柴油生产有极为重要的关系。

芳烃加氢饱和的基本原理[30]:

芳烃加氢饱和的化学方程先后步骤是:双环芳烃(或多环芳烃)→ 单环芳烃 → 环烷烃。

上述过程中单环芳烃加氢饱和的反应速度是控制步骤,双环芳烃(或多环芳烃)则相对较容易转化为单环芳烃。随着加氢饱和反应的进行,起初是单环芳烃量增加,但总芳烃量保持相对平稳,当加氢深度提高时,单环芳烃也开始被饱和，这时芳烃总量开始下降。

双环芳烃加氢饱和为单环芳烃使得柴油十六烷值快速增长，当双环芳烃含量接近于零时，十六烷值增加量也随之很快下降，此时要使十六烷值进一步提高，就要求把不容易加氢饱和的单环芳烃饱和掉。

柴油的重要使用性能指标是十六烷值。不仅芳烃含量大小对柴油十六烷值有影响，而且芳香烃的种类影响也比较大。轻质直馏原料中由于多环芳烃含量较低，在普通的 HDS 条件下，十六烷值提高很少，只有 1~2 个单位。相反，催化裂化柴油中含有大量的芳烃尤其是多环芳烃，所以通过 HDS 可以较多地增加十六烷值，可达 4~6 个单位。因此，柴油十六烷值的提高很大程度上取决于三环芳烃、二环芳烃转化成单环芳烃的程度。

加氢脱硫反应主要受动力学控制。而芳烃加氢饱和反应，在较低反应温度时，反应受动力学控制；在更高温度下，芳烃的加氢反应则受热力学的化学平衡限制，因此过高提高反应温度可能导致芳烃含量增加、十六烷值下降。

芳烃加氢饱和反应的平衡常数很大程度上依赖于反应压力，提高压力使平衡向加氢饱和方向移动。芳烃加氢饱和过程中芳烃含量开始下降存在一个拐点温度，催化剂类型对它的影响并不十分敏感，使用 Ni—Mo 和 Co—Mo 催化剂时，该温度大约为 360~370℃，并随压力升高而相应升高。

研究工作还表明，在相似条件下，直馏柴油和裂化柴油的混合加氢比各自单独加氢的饱和效果更好。对催化裂化柴油而言，直馏柴油：催化裂化柴油比最高可达 60：40。有关合理控制加氢混合原料中 LCO 比例问题本书上一节的案例 3 中已有所讨论。

应指出，加氢精制工艺中催化剂的研发进展是导致加氢精制工艺发展的一个主要动力，是取得加氢精制工艺重大突破的最重要关键工作之一。

### 3.2.4 中、深度柴油加氢脱硫、脱芳技术、加氢改质技术

实施国 V/国 VI 柴油标准后对柴油质量提出了更高要求。

2017 年 1 月我国开始实施硫含量小于 10μg/g 的国 V 车用柴油标准（见表 6），除硫含量外还要求有更高的柴油十六烷值和多环芳烃含量指标的控制，这二者都和柴油的烃族组分有关。首先是高沸点的催化柴油含较多的噻吩系芳香性硫化物（注：如 4，6-DMDBT 即 4，6-二甲基二苯并噻吩）等存在于沸点较高的柴油馏分中。当加氢反应柴油硫含量降低至 0.02% 时，保留的硫化物绝大部分为 4，6-DMDBT，其次在常规加氢过程中噻吩系芳香性硫化物很难除掉，成为生产超低硫柴油的最大困难之一。

问题是，在炼厂催化裂化/重油催化（FCC/RFCC）过程中要生产汽油就一定

会同时得到相当数量 LCO 组分并进入到炼厂柴油池中，催化裂化反应苛刻度越高，LCO 质量越差。如 MIP 催化裂化，由于饱和烃的进一步裂化，催化柴油产率和质量都明显下降，它不仅脱硫困难，而且其低的十六烷值和高的多环芳烃含量都将是造成生产国 V/国 VI 柴油的不利因素（见表 12）。因此开发催化柴油中、深度加氢脱芳技术将是我国今后生产清洁柴油必须要突破的技术关键。

当前我国柴油销售出现过剩局面以后，部分柴油产品开始出口，因此有必要研讨催化 LCO 的合理利用问题，除继续将一部分质量较好的 LCO/轻 LCO 作为柴油组分外，其余可通过加氢转化利用其中的芳烃资源生产高辛烷值汽油的 LTAG 技术和既可以生产高辛烷值汽油，又可以生产单环芳烃——BTX 的 RLG 技术，来降低柴油产量和炼厂柴汽比。以下先讨论 LCO 的深度加氢技术。

首先应指出的是，本书以下讨论的一些加氢技术反应工程均属于馏分油加氢范围，采用固定床反应器，其工艺流程比较简单，基本和常规的柴油加氢精制流程相似或相近，因此有关工艺流程内容本书不再分别重复进行阐述和讨论。

LCO 深度加氢技术目的要求是其脱氮率达到 90% 以上，脱硫率达 95% 以上，颜色和安定性得到大幅度改善；双环芳烃转化率达 70% 以上，三环芳烃转化率达 80% 以上；密度下降 $25kg/m^3$ 以上；十六烷值提高 5~10 个单位。

### 3.2.4.1　MCI 技术、RICH 技术

中国石化下属两大研究院开发的最大限度提高柴油十六烷值的加氢改质技术包括有 MCI 技术（抚顺石油化工研究院研发）和 RICH 技术（石油化工科学研究院研发），它们都可以加工 LCO[31]。MCI 技术获得过 2001 年国家技术发明奖二等奖。在加工劣质 LCO 时，MCI 技术主要操作条件是：总体积空速 0.8~1.6$h^{-1}$，反应压力 6.0~12.0MPa，可以生产硫含量 10μg/g 以下的国 V/国 VI 标准清洁柴油。柴油收率可达 93%~98%，十六烷值提升 8~20 单位，使用 FC-18 的专用催化剂，MCI 技术已在国内炼厂得到推广，加氢柴油的硫含量为 5.8μg/g，远低于 10μg/g 的要求。表 43 是中国石化某 600kt/aMCI 装置工业运转结果，主要操作条件为：入口氢分压 6.3 MPa，总体积空速 1.0$h^{-1}$，入口氢油体积比 703：1，平均反应温度 360℃。

**表 43　中国石化某 600kt/a MCI 装置工业运转结果**

| 项　　目 | 原料油 | 加氢柴油 |
|---|---|---|
| 密度（20℃）/（g/cm³） | 0.8962 | 0.8534 |
| 馏程/℃ | 189~367 | 164~357 |
| 硫含量/（μg/g） | 7000 | 5.8 |
| 氮含量/（μg/g） | 882 | 1.1 |
| 十六烷值 | 33.9 | 44.8（增值 10.9） |

由石油化工科学研究院开发的 RICH 技术的特点是在保持高柴油收率的前提下，可降低柴油密度 0.035g/cm³ 以上，提高十六烷值 8~10 单位，氢耗不高，适用于十六烷值缺口不高的炼厂。在第一代 RICH 技术的基础上，石油化工科学研究院相继开发了第二代 RICH-Ⅱ、第三代 RICH-Ⅲ 技术。后者主要方向是提高空速 25% 左右。可见无论是 MCI 技术还是 RICH 技术的开发核心是高活性加氢催化剂的开发。

表 44 是中国石化某 1.5Mt/a RICH 装置工业运转结果，主要操作条件为：入口氢分压 7.03MPa，催化剂体积空速 1.79h⁻¹，入口氢油体积比 703∶1，精制/改质催化剂反应温度 341℃/348℃。加氢柴油硫含量低于 10，十六烷值提升 10.9 单位。

**表 44  中国石化某 1.5Mt/a RICH 装置工业运转结果**

| 项　　目 | 原料油 | 加氢柴油 |
|---|---|---|
| 密度(20℃)/(g/cm³) | 0.8809 | 0.8389 |
| 硫含量/(μg/g) | 5600 | <10 |
| 氮含量/(μg/g) | 336 | 0.30 |
| 十六烷值 | 41.2 | 52.1(增值 10.9) |

注意，对于加工劣质原油得到的性质较差的 LCO 时采用 RICH 技术得到的柴油质量和规格比较可能仍有一定的差距，这和原油劣质化和催化裂化反应条件更加苛刻化有关。在这种情况下，从技术角度分析单独 LCO 的深度加氢改质还是可能的，但不一定能满足经济性方面的要求，即使国外开发的一些深度加氢改质技术也主要针对直馏柴油为原料的场合，LCO 掺和比例一般低于 10%（根据国内炼厂的实践经验，混合比例可能采用稍高一些，可见 3.2.2 节）。这就存在一个 LCO 用途的优化利用问题，LCO 除了作为柴油调合组分外，还可能作为船用燃料油组分和进一步利用高芳烃特点通过加氢裂化等工艺生产高辛烷值汽油，这些都已经有成熟的技术可用，主要是采用一些组合工艺。本书以下要介绍石油化工科学研究院联合石家庄炼化成功开发的催化柴油加氢-催化裂化组合技术（LTAG 技术），就是一个很好的案例。

### 3.2.4.2  中压加氢改质技术(MHUG)/灵活加氢改质技术(MHUG-Ⅱ)

抚顺石油化工研究院开发了劣质柴油二段中压加氢改质技术（MHUG），包括有精制段/裂化段催化剂，主要是为了提高柴油的十六烷值和提供一定数量的催化重整原料，该技术获得 2000 年国家科技进步二等奖。在加工劣质 LCO 或 LCO/直馏柴油混合原料时，主要推荐操作条件是：总体积空速 0.8~1.5h⁻¹，反应压力 6.0~12.0MPa，可以生产硫含量 10μg/g 以下的国Ⅴ/国Ⅵ标准清洁柴油。柴油收率可达 80%，十六烷值提升 10~25 个单位。MHUG 技术已在国内炼厂得到推广，加氢柴油的实际硫含量为 5.8μg/g，低于 10μg/g 的要求。表 45 是中国石化某 1.0Mt/a 柴油加氢装置工业运转结果，原料是大庆减二线和 RFCC 的 LCO 混合原料，具体操作条件：入口氢分压 8.0MPa，精制段/裂化段催化剂体积空速 1.01 h$^{-1}$/1.30 h$^{-1}$，精制段/裂化段反应温度 365℃/360℃。加氢柴油硫含量低于 10μg/g，十六烷值 47.1。工业装置运转结果表明，同时副产相当数量的石脑油和尾油可作为很好的催化重整（芳潜 63.5%）和乙烯裂解原料（BMCI 值 6.2），具有较好的经济效益。

表 45　MHUG 技术在中国石化某 1.0Mt/a 柴油加氢装置工业运转结果

| 项　　目 | 原料油 | 石脑油 | 轻柴油 | 尾油 |
|---|---|---|---|---|
| 产率/% | | 18.6 | 45.1 | 30.4 |
| 密度(20℃)/(g/cm$^3$) | 0.8560 | | | |
| 馏程/℃ | 243~480 | | | |
| 芳潜/% | | 63.5 | | |
| 氮含量/(μg/g) | 810 | | | |
| 硫含量/(μg/g) | 930 | <0.5 | <10 | <10 |
| 十六烷值 | | | 47.1 | |
| BMCI 值 | | | | 6.2 |

石油化工科学研究院开发了分区进料灵活加氢改质的 MHUG-II 技术，目的是减少高十六烷值组分在过程中的过度裂化反应，提高柴油收率。技术核心是设计了直馏柴油和 LCO 从不同反应区进料的工艺流程，避免了直馏柴油在加氢改质过程中的过度裂化。同时，该技术的氢耗较低，提高了氢气利用率。表 46 是中国石化某柴油加氢装置工业运转结果，具体操作条件：入口氢分压 6.6MPa，化学氢耗 0.93%，柴油收率有大幅度提升，而且双环以上芳烃含量为 4.9%，对生产国V/国VI标准清洁柴油是很有利的。

表 46　中国石化某柴油加氢装置工业 MHUG-II 技术运转结果

| 项　　目 | 改质进料 | 精制进料 | 产品石脑油 | 产品柴油 |
|---|---|---|---|---|
| 产率/% | 33.4 | 66.6 | 4.21 | 94.94 |
| 密度(20℃)/(g/cm$^3$) | 0.9133 | 0.8407 | 0.7395 | 0.8426 |
| 硫含量/(μg/g) | 3430 | 3570 | <1.0 | 6.9 |
| 氮含量/(μg/g) | 779 | 98 | <0.5 | 0.7 |
| 十六烷值 | 27.6 | 56.3 | | 52.4 |
| 芳潜/% | | | 56.3 | |
| 双环以上芳烃体积含量/% | | | | 4.9 |

### 3.2.4.3 新一代柴油加氢催化剂开发[32]

前已指出，影响中、深度柴油加氢进步的一个重要研究方向是加氢催化剂的研发，为了满足国V/国VI标准清洁柴油生产，中国石化下属两大研究院抚顺石油化工研究院、石油化工科学研究院和中国石油下属石油化工科学研究院都相继开发一系列新型柴油加氢催化剂。

抚顺石油化工研究院针对不同的加氢原料及反应途径，通过活性金属组分的优化，制备出有利于大分子吸附、高有效孔径比例的新型催化剂载体，以及采取改进活性金属组分负载方式等多项措施，增加催化剂活性中心数目及其本征活性，开发出针对包括LCO的不同加氢原料的柴油超深度加氢脱硫催化剂——FHUDS催化剂系列。如能满足生产硫含量小于$10\mu g/g$的W-Mo-Ni型的FHUDS-2、FHUDS-6、FHUDS-8催化剂；针对直馏柴油深度加氢脱硫的Mo-Co型FHUDS-5催化剂等，截至2016年5月，其中各种FHUDS催化剂已在国内外45套工业装置使用(国外有印度、捷克等)。其中国内FHUDS-6催化剂2011年工业应用以后，已在天津石化等17套加氢装置上成功应用。FHUDS-8催化剂已在金陵石化、天津石化、镇海石化、塔河石化等加氢装置上工业应用。表47是FHUDS-5、FHUDS-6、FHUDS-8催化剂的物化性质。表48是FHUDS-5催化剂在捷克Paramo炼厂生产欧V标准清洁柴油工业运转结果。

**表47 FHUDS-5、FHUDS-6、FHUDS-8催化剂物化性质(载体 $Al_2O_3-SiO_2$)**

| 项 目 | FHUDS-5 | FHUDS-6 | FHUDS-8 |
|---|---|---|---|
| 化学组成/% | | | |
| $MoO_3$ | ≥18.0 | ≥22.0 | ≥23.5 |
| NiO | | ≥3.5 | ≥4.0 |
| CoO | ≥2.9 | | |
| 孔容/(mL/g) | ≥0.35 | ≥0.25 | ≥0.33 |
| 比表面积/(m²/g) | ≥180 | ≥200 | ≥160 |
| 外形 | 三叶草 | 三叶草 | 三叶草 |
| 直径/mm | 1.1~1.3 或 3.0 | 1.1~1.3 或 3.0 | 1.1~1.3 |
| 长度/mm | 2~8 | 2~8 | 2~8 |
| 密相装填密度/(t/m³) | 0.86~0.95 | 0.95~1.10 | 0.80~0.92 |
| 耐压强度/(N/cm³) | ≥150 | ≥150 | ≥150 |

**表48 FHUDS-5催化剂在捷克Paramo炼厂生产欧V标准清洁柴油工业运转结果**

| 项 目 | 2010年 | 2011年 |
|---|---|---|
| 催化剂型号 | 上周期其他催化剂 | FHUDS-5 |
| 原料进料量/(t/h) | 29 | 30 |

| 项　目 | 2010 年 | 2011 年 |
|---|---|---|
| 入口压力/MPa | 3.8 | 3.8 |
| 入口温度/℃ | 359 | 352 |
| 出口温度/℃ | 369 | 366 |
| 床层加权平均温度/℃ | 364 | 358 |
| 产品硫含量/(μg/g)、 | 8.0 | 8.0 |

中国石化石油化工科学研究院从 20 世纪末开始启动柴油深度/超深度加氢脱硫催化剂的研发，通过在催化剂制备技术方面的突破，于 2004 年研制成功第一代具有柴油超深度脱硫功能的 RS-1000(Ni-Mo-W 型)催化剂，于 2006 年首先在中国石化广州石化 2.0Mt/a 柴油加氢工业装置上应用。以后针对国 V 柴油加氢 RIPP 又相继开发 RS-1100、RS-2000、RS-2200、RS-2100 等系列柴油超深度脱硫催化剂，形成了 Co-Mo、Ni-Mo 和 Ni-Mo-W 等各种催化剂的完整产品系列。RS 系列加氢催化剂在国内已进行了 46 次工业试验，其近期开发的 RS-2200(Co-Mo)、RS-2100(Ni-Mo)催化剂在保持高脱硫活性的同时，降低了催化剂装填密度，具有更好的活性稳定性，而且成本下降以后，催化剂售价下降，较好解决了国产加氢催化剂的性价比问题，使之在国际催化剂市场上呈现更好的竞争力，这是国产加氢催化剂研发过程中一个极为重要的课题，一种催化剂如果没有好的性价比也就没有好的竞争力。

中国石油石油化工研究院和中国石油大学(北京)联合攻关研制成功 PDH 超低硫柴油加氢精制催化剂，能满足包括二次加工柴油馏分在内的深度加氢生产国 V/国 VI 标准清洁柴油的需要，催化剂已在中国石油下属的 9 家企业的 10 套柴油加氢装置上应用，总加工能力 16.9Mt/a，累计装填量 1400t。

### 3.2.5　三种利用 LCO 为原料生产高辛烷值汽油/BTX 的 RLG 技术、FD2G 技术和 LTAG 技术

我国利用 LCO 芳烃资源生产轻芳烃技术的研究已取得了较好的结果，主要有三条工艺路线，包括：加氢处理-加氢裂化、加氢处理-催化裂化和加氢处理-芳烃抽提-加氢裂化，前两条路线已得到工业化应用[33]，本书以下将对前两条路线展开进一步讨论。

发展 LCO 芳烃资源生产轻芳烃技术具有重要的经济意义，不仅有利于进一步降低炼油工业柴汽比，而且对生产轻芳烃 BTX，尤其对增产 PX 有重要作用。PX(对二甲苯)是一种重要的石化原料，主要用于制造合成纤维-涤纶的原料。我国每年还大量进口，2015 年 PX 进口量 1165 万吨(表观消费量 2081 万吨，进口

依存度56%，2016年进口量继续上升，达到1236.2万吨，用汇量96.68亿美元）。

国外石油公司在利用LCO生产BTX芳烃方面进行了广泛的研究，包括美国UOP公司开发的LCO-X工艺、加拿大NOVA化学品公司的ARO技术以及日本东丽株式会社和千代田化工建设株式会社开发的LCO制轻芳烃工艺技术等，这些技术目前尚处于实验室研究阶段，未见工业化应用的报道。

### 3.2.5.1　LCO加氢处理-加氢裂化路线：RLG技术，FD2G技术

在LCO加氢裂化生产轻芳烃技术路线中，充分利用LCO中芳烃含量高的特点，采用加氢精制、加氢裂化两种催化剂，通过控制芳烃在加氢精制段、加氢裂化段的化学反应过程，实现将LCO中芳烃最大化转化为BTX等轻芳烃。

（1）LCO加氢精制/裂化反应化学[34]

在LCO加氢转化的反应过程中，涉及加氢精制和加氢裂化两类主要反应过程。其中，加氢精制反应过程中主要发生加氢脱硫、加氢脱氮和芳烃加氢饱和反应，为加氢裂化段提供低硫、低氮、高芳烃含量，尤其是高单环芳烃含量的裂化原料。在加氢裂化反应过程中主要发生的反应包括链状烃裂化、环烷烃异构化及开环裂化、单环芳烃异构化及开环裂化、单环芳烃侧链裂化即单环芳烃脱烷基等反应，且对于部分环状烃来说，选择性开环裂化反应与异构化反应是相互交织、相互影响的。在LCO加氢裂化生产BTX等轻质芳烃反应过程中，更期望发生的反应是单环芳烃异构化及开环裂化，继以烷基侧链裂化等反应过程。

由于LCO中芳烃尤其双环以上芳烃含量高，在其加氢裂化过程中，除了涉及单环芳烃加氢、裂化过程，更多的包含双环及以上芳烃的加氢、裂化反应过程。图10给出了双环芳烃加氢裂化反应路径（在精制和加氢裂化催化剂上进行），双环芳烃先饱和一个双环生成四氢萘、四氢萘类饱和环选择性开环、烷基苯侧链断裂等反应。该反应过程中需避免单环芳烃（包括四氢萘类、烷基苯类）的进一步加氢饱和。

（2）催化剂及工艺技术开发

由LCO加氢裂化生产BTX等轻质芳烃技术采用的催化剂包括两类，即加氢精制催化剂和加氢裂化催化剂。针对LCO馏分中存在的硫、氮等杂质化合物，可以采用常规加氢精制的工艺进行脱除，但在加氢精制脱除硫化物、氮化物等杂质过程中，还需考虑控制总芳烃损失最小，争取保留大量单环芳烃。因此，在加氢精制催化剂载体及活性组分选择方面需要综合进行考虑。

从芳烃加氢裂化的反应路径来看，为得到苯、甲苯、二甲苯等高辛烷值组分，裂化段催化剂需要有强的开环和断侧链性能，以及适中的加氢性能。裂化段催化剂的加氢功能应与其酸性功能很好匹配，在适宜的酸性中心及酸强度下，加

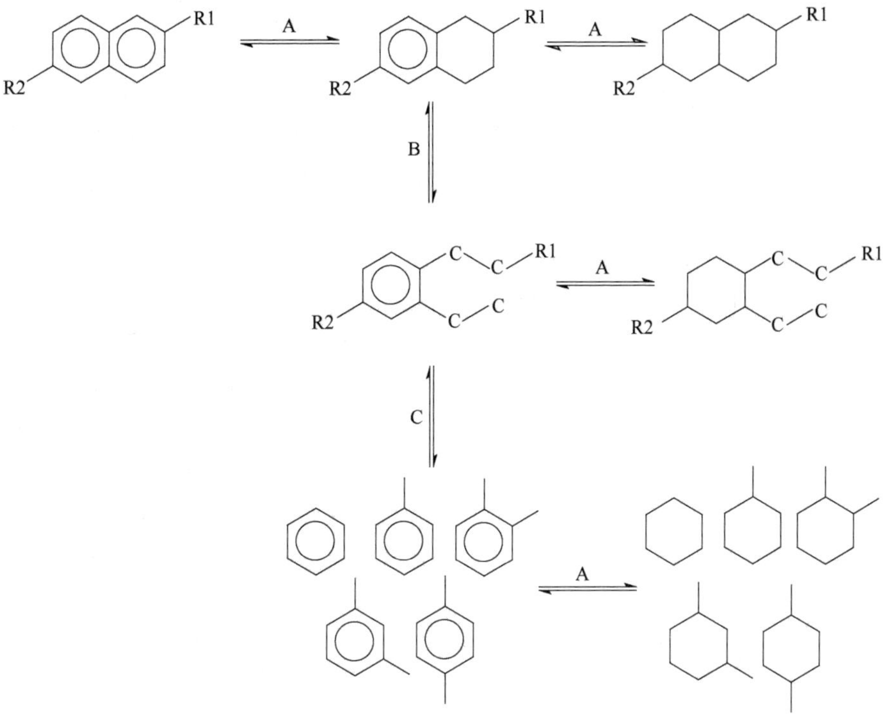

图 10　双环芳烃加氢裂化反应路径

A—加氢；B—选择性异构开环裂化；C—裂化（脱烷基）

氢性能不能太强，若加氢性能过强，容易导致苯、甲苯、二甲苯等高辛烷值组分过饱和而生成低辛烷值的环烷烃组分。对催化剂的裂化功能来说，环烷基芳烃环烷环的开环反应和烷基芳烃侧链断裂反应对催化剂性能的要求是不同的，因此，催化剂开发难点在于能解决上述矛盾。此外，裂化催化剂的开发还需考虑在较低的加氢性能下抑制芳烃的双分子反应，抑制积炭的生成从而延长催化剂寿命。

　　中国石化石油化工科学研究院、抚顺石油化工研究院及上海石油化工研究院针对 LCO 加氢裂化生产 BTX 等轻质芳烃技术分别开发了专用的催化剂及工艺技术。石油化工科学研究院开发了 LCO 生产高辛烷值汽油加氢裂化 RLG 技术，其专用的非贵金属加氢催化剂包括 RN-411 加氢精制催化剂和 RHC-100 加氢裂化催化剂，两种催化剂均采用 Ni、Mo 作为活性金属组分，氧化铝为载体，其中，RHC-100 加氢裂化催化剂中含有改性 Y 型分子筛。通过采用专用的催化剂、工艺流程和工艺条件优化，该技术大大提高了 LCO 加氢裂化转化率，提高了目的产品 BTX 等轻质芳烃的产率。抚顺石油化工研究院开发了 LCO 加氢转化生产高辛烷值汽油调合组分和/或轻芳烃的 FD2G 技术，该技术也依托了非贵金属加氢催化剂。上海石油化工研究院针对 LCO 加氢裂化生产 BTX 等轻质芳烃技术的研究侧重于加氢处理催化剂和加氢裂化催化剂的开发。其中，加氢处理催化剂是一种以氧化铝为载体，负载金属钴、钼等活性组分的催化剂。加氢裂化催化剂是一种以固体酸、氧化铝为载体负载贵金属、稀土金属的双功能催化剂用于 LCO 馏分中典型重芳烃组分的加氢开环裂解反应，该催化剂优化了传统的金属负载工艺，提高了催化剂的抗硫性，具有对重芳烃转化率高和 BTX 芳烃选择性高的特点。

（3）技术开发现状及研究结果

① RIPP-RLG 技术（RIPP′s LCO Hydrocracking Technology for Producing Gasoline）

石油化工科学研究院根据 LCO 性质的不同以及炼厂生产目标的差异性，开发了一次通过流程、集成两段流程和部分馏分循环等三种个性化的 RLG 技术。其中，一次通过流程适合于加工低氮含量、高芳烃含量的 LCO，部分馏分循环工艺流程在一次通过的基础上可进一步提高汽油收率并适度改善其质量，同时可显著改善柴油质量；集成两段流程可显著提高汽油收率以及汽油和柴油的质量，适宜于加工高氮、高芳烃含量的 LCO。

RLG 技术使用的催化剂情况前已有叙述，不再重复。该技术在我国某炼厂（500kt/a）首次实现工业化，结果见表 49。主要操作条件为：反应器入口压力 7.0MPa，精制段/裂化段反应温度 367℃/390℃，化学氢耗 2.25%，氢耗偏高。

**表 49　我国某炼厂（500kt/a）RLG 工业装置运转结果**

| 项　　目 | LCO | 塔顶汽油 | 侧线汽油 | 塔底汽（柴）油 |
|---|---|---|---|---|
| 收率/% | | 10.36 | 28.08 | 56.17 |
| 密度(20℃)/(g/cm³) | 0.9173 | 0.6657 | 0.8284 | 0.8539 |
| 硫含量/(μg/g) | 6160 | 48.1 | 4.1 | — |
| 氮含量/(μg/g) | 974 | 0.2 | 1.1 | — |
| RON | | | 93.5 | |
| MON | | | 81.8 | |
| 芳烃含量/% | 74.0 | 11.11 | 65.46 | |
| 十六烷值 | 24.3 | | | 37.1 |
| 十六烷值增加 | | | | 12.8 |
| 馏程/℃ | | 13~110 | 98~204 | 194~345 |

② FRIPP-FD2G 技术

FD2G 新技术是抚顺石油化工研究院开发的一种利用催化裂化轻循环油（LCO）生产轻芳烃的高效加氢转化技术。该技术通过对加氢催化剂和工艺技术的组合优化，实现了对 LCO 的选择性加氢，可以将 LCO 中富含的重质芳烃高效地转化为轻芳烃等高附加值的产品，为高芳烃含量的 LCO 改质提供了一条经济、有效的加工途径。研究结果表明，应用 LCO 加氢转化 FD2G 技术加工高芳烃含量的 LCO，可以生产 30%~50% 的优质催化重整原料，该馏分中 $C_6$~$C_9$ 芳烃含量超过 50%，BTX 含量可以达到 32%，同时改质柴油质量与原料相比改善幅度较大。

FD2G 技术反应工程采用的是一种在氢气和催化剂存在条件下气、液共存的滴流床反应器，充分发挥了加氢裂化工艺的这一优势，通过控制加氢转化反应的发生和进行的程度，在目的产品石脑油中尽可能多地保留单环芳烃，避免单环芳烃进一步深度加氢饱和为环烷烃，最终实现原料中重芳烃向轻芳烃的转化。与其他加氢裂化过程所不同的是，为了充分和有效地利用原料中富集的芳烃，FD2G 技术通过工艺和催化剂的优化组合，控制加氢转化反应的发生和进行的程度，实现在目的产品中尽可能多地保留芳烃组分即单环芳烃的目标，而避免原料中的芳烃深度加氢饱和为环烷烃，最终实现原料中重芳烃向轻芳烃的转化。应注意的是，由 LCO 加氢转化生产高辛烷值汽油调合组分和/或轻芳烃的 FD2G 技术使用的是非贵金属加氢催化剂体系[35]。专用的 FC-24B 加氢转化催化剂是该技术的核心，该催化剂具有强裂化、弱加氢性能，属于一种特殊的轻油型加氢裂化催化剂，主要是能控制芳烃加氢饱和的深度，既要使芳烃能适度加氢而又能抑制芳烃深度加氢转化为环烷烃，这样就能达到在产物中保留单环芳烃组分的目的。

FD2G 技术于 2013 年 9 月在中国石化某炼厂 J 成功进行工业试验，详见表 50。主要操作条件：入口氢分压 9.4MPa，加氢转化体积空速 1.42 $h^{-1}$，平均反应温度 394.5℃，氢耗 4.26%。原料油性质：密度（20℃）0.9210g/cm³，馏程 209~357℃，硫含量 2991μg/g，氮含量 117μg/g，十六烷值 25.3。FD2G 技术不仅在炼厂 J 加氢裂化装置上成功应用。而且在其他炼厂加氢裂化装置上也得到应用，实际表明，对于配套有大型催化裂化装置的炼厂而言，由于能规模化提供 LCO 原料，FD2G 技术可以创造良好的经济效益。值得注意的是，2017 年 7 月中国石化炼厂 CH 一套年加工 100 万吨大型催化柴油加氢转化装置顺利投产。该装置投资 6.9 亿元，通过将催化柴油加氢转化为高辛烷值汽油以及低硫清洁柴油调合组分，生产出满足国 V 质量标准汽油和柴油，具有良好的经济效益和社会效益。

**表 50  FD2G 技术中国石化某炼厂 J 工业试验标定结果**

| 馏　　分 | 轻石脑油 | 重石脑油 | 重汽油（165~210℃） | 轻汽油（65~210℃） | 柴油组分 |
|---|---|---|---|---|---|
| 收率/% | | 16.69 | 23.22 | 39.91 | 42.72 |
| 密度（20℃）/（g/cm³） | 0.6781 | 0.7930 | 0.8571 | 0.8248 | 0.8706 |
| 硫含量/（μg/g） | | 8.6 | 4.3 | 11.1 | 15.6 |
| RON | 81.7 | 91.6 | 96.8 | 94.3 | |
| 十六烷值 | | | | | 35.0 |
| 十六烷值增加 | | | | | +9.7 |
| BTX 选择性/% | | 42.57 | | 31.57 | |

### 3.2.5.2 LCO加氢处理-催化转化生产芳烃路线：LTAG 技术

LTAG 技术(LTAG，LCO To Aromatics and Gasoline)催化转化反应过程

LCO 含有的芳烃主要是双环芳烃，在催化裂化反应中相对稳定，主要可能发生侧链断裂或芳环的缩合反应，生成焦炭前驱体或焦炭。因此 LCO 用直接通过催化裂化方式生产轻芳烃显然是行不通的。从反应化学的角度来看，要从 LCO 生产芳烃至少需要先将其中的双环或三环芳烃进行饱和。

对于通过加氢裂化从 LCO 生产芳烃，需要控制芳烃的加氢饱和度，避免芳烃过度饱和生成多环或者双环环烷烃，而应该通过加氢尽可能使其中一个芳烃饱和生成环烷并芳烃，然后其中的环烷环再开环裂化生成烷基苯类。这些主要通过催化剂和工艺的组合来实现。

对于 LCO 通过加氢处理-催化转化组合技术生产轻芳烃，其中加氢苛刻度和催化苛刻度的控制均非常重要。图11 给出了 LCO 中双环芳烃通过加氢处理-催化转化组合技术生产芳烃的两条反应路径。由图可见，如果 LCO 中双环芳烃通过控制加氢深度生成环烷并芳烃(浅度加氢)，而环烷并芳烃再经催化转化部分发生环烷环开环、裂化反应而生成单环芳烃(开环裂化)，这是我们所需要的反应。同时环烷环发生氢转移反应生成双环芳烃，这是又回到原来的情况，因此要加以控制。而如果 LCO 中双环芳烃通过深度加氢主要生成双环环烷烃，双环环烷烃在随后的催化转化过程主要发生环烷环开环、裂化等反应，然后顺序发生对应的氢转移等反应生成单环芳烃。双环环烷烃通过氢转移反应生成双环芳烃的比

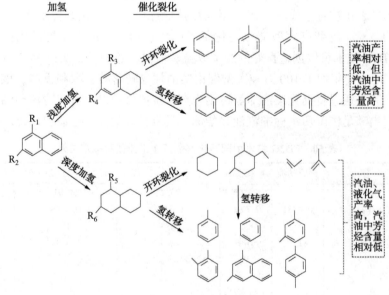

图 11　LCO 的催化转化反应途径图

例较少，应该加以控制。浅度加氢和开环裂化是本技术理想的反应途径。对于催化裂化的操作而言，操作苛刻度的高低直接影响到产品汽油馏分中 $C_6 \sim C_8$ 芳烃的浓度。但一般来说，操作苛刻度越高，$C_6 \sim C_8$ 芳烃的浓度越高，相应 $C_6 \sim C_8$ 芳烃产率也越高。

简单来说 LTAG 技术就是催化柴油(LCO)先加氢后催化裂化，配套专用催化剂，实现最大化生产高辛烷值汽油和/或 BTX 芳烃[36]。值得注意的是，在 LCO 加氢过程中，目的不是脱硫、脱氮，而是选择性加氢饱和催化柴油中的芳烃；LCO 加氢催化剂采用的是专用催化剂(RHC-100)，使得 80% 多环芳烃饱和时，单环芳烃选择性达到 70% 以上。LTAG 技术可以有三种操作模式，炼厂可根据自身需要进行选择。

模式 A：先将 LCO 进行馏分切割，所得重馏分进行加氢，然后和轻馏分混合进行催化裂化。

模式 B：加氢 LCO 和重质原料一起进入催化裂化回炼。

模式 C：直接将全馏分 LCO 加氢后再单独进行催化裂化。

表 51 是模式 B 下的 LCO 及加氢 LCO 性质比较，该 LCO 循环加氢后，其中双环芳烃定向饱和为单环芳烃。表 52 是采用 LTAG 技术前后产物分布变化情况，LCO 基本上可转化为催化汽油和液化气，其中近 80% 转化为催化汽油。表 53 是采用 LTAG 技术催化汽油性质对比，在采用 LTAG 技术后，催化汽油性质有一定的改善，烯烃含量和硫含量降低，辛烷值和诱导期增加。

**表 51　模式 B 下的 LCO 及加氢 LCO 性质比较**

| 项　　目 | LCO/FCC | LCO/(FCC+LTAG) | HLCO/(FCC+LTAG) |
|---|---|---|---|
| 密度(20℃)/(g/cm³) | 0.9690 | 0.9726 | 0.9121 |
| 馏程/℃ | 135~356 | 131~354 | 157~340 |
| 十六烷值 | 17.8 | 15.8 | 22.0 |
| 折射率(20℃) | 1.5707 | 1.5762 | 1.5125 |
| 硫含量/(μg/g) | 13300 | 7010 | 115.12 |
| 氢含量/% | 8.91 | 8.69 | 10.95 |
| 单环芳烃含量/% | 28.1 | 22.3 | 63.8 |
| 双环芳烃含量/% | 55.4 | 61.5 | 11.8 |

**表 52　采用 LTAG 技术产物前后分布变化**　　　　　　　%

| 项　　目 | FCC | FCC+LTAG | 项　　目 | FCC | FCC+LTAG |
|---|---|---|---|---|---|
| 干　气 | 3.46 | 4.35 | 油浆 | 4.73 | 4.61 |
| 液化气 | 18.32 | 20.85 | 焦炭 | 8.79 | 9.73 |
| 催化汽油 | 42.95 | 59.03 | 损失 | 0.49 | 0.48 |
| LCO | 21.25 | 0.94 | 合计 | 100 | 100 |

表 53　采用 LTAG 技术催化汽油性质对比

| 项　　目 | FCC | FCC+LTAG |
|---|---|---|
| 密度(20℃)/(g/cm³) | 0.7276 | 0.7382 |
| 馏程/℃ | 30.5~199.1 | 30.4~201.7 |
| 体积族组成(FIA)/%　芳烃 | 24.3 | 28.7 |
| 体积族组成(FIA)/%　烯烃 | 20.3 | 16.2 |
| 诱导期/min | 743 | 〉1000 |
| 折射率(20℃) | 1.4153 | 1.4211 |
| 硫含量/(μg/g) | 537.4 | 341.4 |
| 氢含量/% | 13.67 | 13.41 |
| RON/MON | 92.6/82.0 | 93.2/82.7 |

　　LTAG 技术优势在于能够有效降低柴汽比，装置改造简单(只是对催化装置中的反应器进行改造)，投资成本低。该技术适合于加氢能力富余的炼厂，如加氢能力不足则可能导致催化装置处理量下降，相应催化重整装置原料油供给有一定的影响。因此，对于催化柴油的进一步加工方案的具体选择，应针对每个炼厂具体情况进行综合平衡和经济核算比较后再定夺。

　　2015 年中国石化石油化工科学研究院联合石家庄炼化成功开发催化柴油加氢-催化裂化组合 LTAG 技术，汽油收率可增加 13%~16%，辛烷值高达 96.4。中国石化所属炼厂广泛应用 LTAG 技术来降低柴汽比，在石家庄炼化率先应用 LTAG 技术后，青岛石化、长岭石化、金陵石化相继对催化裂化装置进行改造，并在 2016 年一季度成功应用了此项技术。至 2016 年中国石化已有 22 家所属炼厂进行了 LTAG 改造方案的衔接。据中国石化 2016 年一季度报告显示，2015 年中国石化全年柴汽比为 1.3，2016 年一季度中国石化柴汽比由去年 2015 同期的 1.33 降至 1.17。

　　由 RIPP 自主研发开发的 LTAG(LCO To Aromatics and Gasoline)技术，2018 年 3 月在美国《烃加工》杂志发表，并参与第二届奖项评选活动。同年 10 月该技术突出重围，与印度石油公司、KBR 公司及杜邦公司的技术共同进入本届最佳炼油技术奖提名名单。是国内唯一入围项目，标志着世界炼油领域对该技术的充分认可(中国石化报，2018-10-26)。

### 3.2.5.3　加工 LCO 技术的简要技术经济分析

　　本书对于我国清洁柴油生产技术的研发总结为两大方向，即含 LCO 的混合原料加工生产清洁柴油方向(3.2.2 节)和 LCO 单独加工既生产清洁柴油又可以生产清洁汽油/轻芳烃(3.2.5 节)，二者技术方向都是可行的。开发利用劣质 LCO 富含的重质芳烃资源生产高价值的轻质芳烃技术，不仅可以大幅提高 LCO 的经济价值，而且为增产市场需求强劲的"三苯"找到了新的途径，为解决芳烃与烯烃资源矛盾提供了新解决方案。

与石脑油重整生产轻芳烃路线相比，利用 LCO 生产轻芳烃，其经济优势主要取决于二甲苯、石脑油和催化轻循环油 LCO 的市场价格对比。根据近几年的市场价格走势，催化裂化轻循环油的价格一直比石脑油低 100 美元/吨，且随柴油标准的提高，两者的市场差价今后还会进一步拉大，所以用催化裂化轻循环油 LCO 作原料生产 BTX 芳烃不仅比石脑油重整的生产成本低，而且可以获得更多的二甲苯来源，两者的增值利润差价也会进一步拉大。因此利用催化裂化轻循环油直接生产 BTX 轻芳烃今后是一条经济潜力很高的技术路线。从产业化实践结果来看，如果以降低消费柴汽比为目的的话，要推广 LTAG 技术一定要算好经济账及投入产出分析，当汽柴油差价大于一定值以后(如大于 600 元/吨)，则采用该技术的经济效益较好；如果汽柴油差价发生变化，柴油的市场前景看好，则应慎重考虑。

# 4 含醇燃料的开发和推广

当前清洁燃油质量标准的升级换代的一个主要目的是为了改善大量使用燃油情况下造成严重的大气污染问题。由于造成雾霾产生的原因复杂，其中燃煤发电、散煤燃烧及炼焦、水泥工业等行业对我国北方大面积空气污染的贡献率可能远大于燃油的贡献率，在本书前面有关章节已有所讨论。因此当我国油品质量不断上升，已经接近甚至某些指标达到国际先进水平时(如硫含量、汽油烯烃含量、芳烃含量和柴油多环芳烃含量等)，更多地通过使用其他清洁能源和新能源(包括清洁替代能源)和提高燃油的能效等措施，来减少燃油总消耗量和尾气排放就成为国家能源战略的另一个重要方向。

总的来说，在本世纪上半叶世界各国能源战略都将按照《巴黎协定》气候变化协定规定的要求来做。《巴黎协定》是 2015 年 12 月 12 日在巴黎气候变化大会上通过、2016 年 4 月 22 日在纽约签署的气候变化协定。它是继 1992 年《联合国气候变化框架公约》、1997 年《京都议定书》之后，人类历史上应对气候变化的第三个里程碑式的国际法律文本，形成和决定 2020 年后的全球气候治理格局。

(1) 从环境保护与治理上来看，《巴黎协定》在于明确了全球共同追求的硬指标。协定指出，各方将加强对气候变化威胁的全球应对，把全球平均气温较工业化前水平升高控制在 2℃ 之内，并为把升温控制在 1.5℃ 之内去努力。只有全球尽快实现温室气体排放达到峰值，本世纪下半叶实现温室气体净零排放，才能降低气候变化给地球带来的生态风险以及给人类带来的生存危机。

(2) 从人类发展的角度看，《巴黎协定》将世界所有国家都纳入了呵护地球生态确保人类发展的命运共同体当中。协定涉及的各项内容体现出世界各国多一点共享、多一点担当，实现互惠共赢的强烈愿望。《巴黎协定》在联合国气候变化框架下，在《京都议定书》、"巴厘路线图"等一系列成果基础上，按照共同但有区别的责任原则、公平原则和各自能力原则，进一步加强联合国气候变化框架公约的全面、有效和持续实施。

(3) 从经济视角审视，《巴黎协定》同样具有实际意义：首先，推动各方以"自主贡献"的方式参与全球应对气候变化行动，积极向绿色可持续的增长方式转型，避免过去几十年严重依赖石化产品的增长模式继续对自然生态系统构成威胁；其次，促进发达国家继续带头减排并加强对发展中国家提供财力支持，在技术周期的不同阶段强化技术发展和技术转让的合作行为，帮助后者减缓和适应气候变化；再次，通过市场和非市场双重手段，进行国际间合作，通过适宜的减缓、顺应、融资、技术转让和能力建设等方式，推动所有缔约方共同履行减排贡献。此外，根据《巴黎协定》的内在逻辑，在资本市场上，全球投资偏好未来将进一步向绿色能源、低碳经济、环境治理等领域倾斜。

总之，《巴黎协定》指出的绿色能源、低碳经济、环境治理等方向应该也是世界清洁燃油未来发展的方向，虽然当今世界上出现了一股以美国为首"单边主义"的邪恶潮流，人类共同体命运的前进步伐暂时受到了一定的阻碍和影响，但正义终将战胜邪恶，《巴黎协定》举起的大旗必定还将会高高飘扬。未来清洁燃油发展不仅仅只着眼于质量标准提高的一个方面，作为一类重要的马达燃料(汽、柴油)，提高他们的燃烧效率和能效，从而减少燃油单耗、减少吨公里尾气排放单耗，对于实现《巴黎协定》指出的绿色能源、低碳经济、环境治理等方向有着非常重要的意义。

对此，本章重点讨论两种含醇汽油——甲醇汽油、乙醇汽油应用等相关课题。

# 4.1　甲醇汽油的开发和推广

## 4.1.1　甲醇汽油发展背景

自 1661 年波义耳(Boyle)从木材的干馏产品中发现甲醇(木精)以来，甲醇一直是一种重要的化工原料，是多种化学品的中间体。2005 年全球甲醇产量 3210 万吨，主要用于生产甲醛、MTBE 和醋酸等化学品，而用于燃料用途的仅为 128.4 万吨，占总产量的 4%[37]，世界甲醇产量增加很快，2015 年全球甲醇产量为 8049 万吨。

全球前十名甲醇生产企业中国占据五个席位，分别是兖州煤业榆林能化有限公司、陕西延长中煤榆林能化、神华包头有限公司、蒲城清洁能源和宁夏宝丰能源。而且这五家企业都拥有煤炭制甲醇、甲醇制烯烃的一体化装置，是在我国煤多油少的资源禀赋条件下发展起来的新型煤化工企业，甲醇产能均较大，分别达到 240 万吨/年、180 万吨/年、180 万吨/年、180 万吨/年和 170 万吨/年。2016 年中国甲醇总产量在 4291 万吨，较 2015 年增加 334 万吨，增幅达 8.43%；2016 年我国甲醇表观消费量为 5168 万吨。

中国当前已经是全球最大的甲醇生产国，占到全球产能的 54%；2012 年中国生产甲醇 2650 万吨，占全球产量的 43%。从地区来看，中国仍然是全球甲醇需求的增长中心，年均增速略高于12%，而全球其他地区的年均需求增速略低于3%。在产能方面，自2007年以来，全球甲醇产能的年均增长速度达到14.3%，而需求增速仅为约8.6%。但中国的产能利用率只有约50%，这是因为中国调整装置开工率来平衡全球供求状况。用于甲醇制烯烃（MTO）/甲醇制丙烯（MTP）项目的新增甲醇产能将超过4000万吨/年。中国已经建设了多套MTO/MTP装置，他们将消费大量的甲醇原料。

甲醇在汽油相关应用途径的一个需求是甲醇汽油。甲醇汽油是指国标汽油、甲醇、添加剂按一定的体积（质量）比经过严格的流程调配而成的一种新型环保燃料——甲醇与汽油的混合物。也包括甲醇、乙醇、正丙醇、正丁醇和异丙醇的混合醇等与汽油的混合物，甲醇掺入量一般为5%~30%（体积分数）。以掺入15%（体积分数）者为最多，称M15甲醇汽油。甲醇抗爆性能好，甲醇汽油辛烷值（RON）随甲醇掺入量的增加而增高，马达法辛烷值（MON）则不受影响。燃烧排出物的毒性比普通含铅汽油小，尾气中一氧化碳含量也较少，燃烧清洁性能良好。但一般的甲醇汽油对汽油发动机的腐蚀性和对橡胶材料的溶胀率都较大，且易于分层，低温运转性能和冷启动性能不及常规汽油，可用作车用汽油代用品。

在中国，由于资源和经济效益等因素驱动，不少地方把甲醇汽油作为一种石油替代能源来开发。中国对甲醇燃料的推行始于上世纪60年代，开始在山西省实验成功，和国外发展甲醇汽油时间相近。总体而言，国家是重视甲醇汽油的，2009年7月2日GB/T 23799—2009《车用甲醇汽油（M85）》标准正式批准颁布，并于同年12月1日起实施。该标准是我国甲醇汽油的首个产品标准，促使甲醇汽油迎来在全国全面推广和发展的契机。业界对此表示欢迎，因为只有这份标准推出之后，才意味着甲醇汽油有了国家标准意义上的"合格产品"。2012年2月29日，工业和信息化部决定在山西省、上海市和陕西省开展甲醇汽车试点工作。标志甲醇汽车新能源系统又上一个新台阶。M15/M30标准还在制定之中，山西、新疆、辽宁、四川、浙江、陕西、黑龙江、福建、江苏、甘肃、贵州、河北等12个省份已出台地方标准，全面或试点推广甲醇燃料。其中浙江省于2009年由浙江赛孚能源科技有限公司起草制订《车用甲醇汽油（M15）》《车用甲醇汽油（M30）》《车用甲醇汽油（M50）》三个行业标准，标准比较规范完善。

我国甲醇汽油行业的诞生和我国能源结构存在"富煤少油"的现状有很大关系。前几年我国大量建设开工煤制甲醇工厂，使得甲醇产量迅速提高，逐步形成产能过剩的局面，从而使甲醇价格低迷，所以怎样消化过剩甲醇，成为某些地区（主要是中西部）重点考虑的问题，也为甲醇汽油的发展提供了契机。据不完全统计，目前国内重点推广和销售甲醇汽油的地区覆盖8大区23省市，其中，多为试推广与试点销售，执行地方标准，使得甲醇汽油不具备跨区推广条件。对全国 16 家甲醇汽油生产企业调研得知，当前 16 家生产企业的总设计产能约在 440 万吨。其中产能最大者为延长中立新能源有限公司，年设计产能为 120 万吨；产能最小者产能达到 10 万吨/年。从 16 家甲醇汽油生产单位了解到，44% 的产能集中在西北地区，其中以陕西为主要产地；其次为华东地区占全国总产能的 25%，主要生产省份是浙江；再次是以山西为首的华北地区，约占全国总产能的 23%。除此之外，其他地区零星涉及，难以形成规模。

按上述数据来看，我国甲醇汽油作为调合汽油的一种，规模尚可。但几乎所有的甲醇汽油生产厂家实际产量占其设计产能比重很小，开工率严重不足。据某生产厂家介绍，其设计产能为 20 万吨/年，由于当前下游需求较为清淡，仅有两座加油站与其合作，每座加油站甲醇汽油日销量约有 1.3 吨，年销量仅在 864 吨左右。据业内人士解释，目前来说多数生产厂家维持轻仓操作，随进随出，下游需求量相当于厂家实际产量。因此，由此计算，当前 90% 甲醇汽油生产厂家实际产量所占比重不足产能的 0.5%，2013 年预计实际产量仅在 20000 余吨。

国际上甲醇汽油经历了研究开发、示范推广和萎缩三个阶段，前后已经过了漫长的近 40 年历史，目前处于萎缩阶段。甲醇汽油开发始于 20 世纪 70 年代[38]，在 80 年代进入示范推广和规模利用阶段，第一辆商业运营 M85 汽车于 1987 年投产，到 1997 年达到高峰，当年美国运营的甲醇车辆达到 2.1 万辆，建设甲醇加油站 100 多座。以后由于汽车工业开始广泛采用电子喷射、尾气三元催化转化器等技术，大大减少了汽车尾气的排放问题，同时国际石油价格大幅回落，原油价格跌至 20 美元/桶，甲醇燃料失去了经济优势，逐步进入萎缩阶段。到 2003 年，M85 汽车几乎完全退出了世界汽车市场。至今不仅在美国，包括西欧和日本都没有达到全面推广程度。所以目前我国发展甲醇汽油，实际上就是有一些要逆世界潮流而动的倾向，必须首先要克服掉甲醇汽油一系列固有缺点和风险以后才能在中国大地上顺利开花结果。同时也说明，对于一些涉及国家重大能源政策的决策时必须要建立在广泛而又深入的调查研究的基础上，多听取各方面的意见尤其是不同的意见，进行比较完整的风险分析，尽量使决策达到低的风险。

## 4.1.2　形成石油替代燃料(ATFs)的基本条件[39]

甲醇汽油作为一种汽油替代燃料具有较多的优势[40~42]，但能否成为一种良好的石油替代燃料其前提和基本条件就是必须含有大量在燃烧时被释放出来的潜在能量，这种潜在能量的多少应该是评价石油替代燃料好坏的一个最基本参数[43]，这不仅适用于甲醇，对于以下将讨论的乙醇及其他醇醚类石油替代燃料的评价应该都是如此。产业界选择了比较简单明了的燃烧热(热值)作为基准参数。表 54 是一些燃料和替代能源(充分干燥状态下)的燃烧热。由表 54 数据可见，甲醇的热值是比较低的(为汽油的 47.4%)，比乙醇热值还要低(是后者的76.2%)，甲醇的这种固有特性可能是高含量甲醇汽油(如 M85)要全面替代常规汽油最大的困难之处。

表 54　燃料和原料的燃烧热

| 名　称 | 燃烧热/(GJ/t) | 名　称 | 燃烧热/(GJ/t) |
| --- | --- | --- | --- |
| 汽油 | 47.897 | $CO_2$ | 0 |
| 柴油 | 45.049 | 烟煤 | 29.118 |
| 原油 | 45.260 | 污泥 | 5.803 |
| 天然气 | 55.599 | 木质纤维素 | 9.812 |
| 甲烷 | 55.071 | 甲醇 | 22.683 |
| 乙烷 | 51.273 | 乙醇 | 29.751 |
| 乙烯 | 50.429 | 二甲醚 | 31.650 |
| 丙烷 | 50.007 | 碳酸二甲酯 | 15.825 |
| 丙烯 | 48.741 | | |

斯坦福国际研究和咨询公司(SRI)认为[44]，国际上甲醇汽油萎缩的主要原因是由甲醇汽油本身的性质所决定的。虽然甲醇的辛烷值高于汽油的辛烷值，本身的燃烧清洁性也很好，但由于甲醇的低能量密度(只有常规汽油的一半左右)，因此富甲醇燃料在汽车内燃机上的使用最终并没有引起广泛的公众吸引力，很少用作车用汽油的代用品，尤其是在长途汽车上使用。在美国估计当时每年只有7.4 万~12.0 万吨(2500 万~4000 万加仑)的甲醇用于经政府批准的替代能源发动机(AFV)上使用，这些发动机设计采用 M85 甲醇汽油作为休闲的内陆湖和水道上的水上飞机的替代燃料。目前，欧洲车用汽油中甲醇的添加量被限制在3%(体积分数)以内(M3)，相当于添加一种增氧剂。

### 4.1.3　使用甲醇汽油的风险分析

作为一种石油替代燃料，国际上甲醇汽油的使用情况表明，在本世纪初国外甲醇汽油已进入严重的萎缩阶段。

表 55 列出了 1993~2003 年美国、西欧、日本的甲醇产能、产量和消耗的实际和预测情况[44]。由表 55 所示，2003 年美国甲醇汽油中甲醇用量为 16.3 万吨，占甲醇总消耗的 1.86%。西欧为 3.7 万吨，占甲醇总消耗的 0.55%，其比例均非常小，日本不容许使用甲醇汽油。美国能源部发表的 2003~2006 年有关美国几种替代燃料的使用情况也表明，上世纪世界上 M85 和 M100 有一定的用量。从上世纪末以来，甲醇燃料总量(M85+M100)逐年下降，2000 年 M85 用量为 1062 千汽油当量加仑，M100 为 449 千汽油当量加仑，2003—2006 年期间甲醇、甲醇汽油(M100)和 95%乙醇汽油(E95)耗量估计值为零，数据说明了在国外当时甲醇

汽油已进入严重的萎缩阶段。

表 55　美国、西欧和日本本世纪初甲醇产能、产量和消耗　　　　　　　　kt

| 国家和地区 | 项　目 | 1993 年 | 1998 年 | 1999 年 | 2003 年 | 1993~1998 年年均增速/% | 1998~2003 年年均增速/% |
|---|---|---|---|---|---|---|---|
| 美国 | 产能 | 5095 | 7281 | 6936 | 6936 | | |
| | 产量 | 5089 | 5100 | 5092 | 4224 | 0 | -3.7 |
| | 消耗 | 6258 | 8142 | 8168 | 8758 | 5.4 | 1.5 |
| | 直接燃料用途(汽油) | 98 | 126 | 133 | 163 | 5.2 | 5.2 |
| | MTBE | 2210 | 3224 | 3230 | 3311 | 7.8 | 0.5 |
| | TAME | 182 | 244 | 260 | 286 | 6.0 | 3.2 |
| 西欧 | 产能 | 2770 | 3935 | 4080 | 4080 | | |
| | 产量 | 2446 | 3456 | 3290 | 3290 | 7.2 | -1.0 |
| | 消耗 | 5132 | 6303 | 6268 | 6728 | 4.2 | 1.3 |
| | 直接燃料用途(汽油) | 50 | 42 | 41 | 37 | 3.4 | -2.5 |
| | MTBE | 981 | 1098 | 1035 | 1034 | 2.3 | -1.2 |
| | TAME | | 42 | 42 | 43 | 0 | 0.5 |
| 日本 | 产能 | 196 | | | | | |
| | 产量 | 58 | | | | 0 | 0 |
| | 消耗 | 1719 | 1931 | 1926 | 1902 | 2.4 | -0.3 |
| | MTBE | 93 | 130 | 122 | 119 | 6.9 | -1.8 |

　　甲醇汽油能否代替或部分代替常规汽油的问题需要得到从产业链和供应链两方面相关系统的认证和技术经济性方面的支持，包括甲醇制造系统、汽车生产系统、交通运输系统、产品运销加注系统和环境保护系统等，要克服包括由于甲醇本身的原因产生的各种风险。

　　（1）设备风险

　　由于甲醇及其氧化产物对铜和某些金属的腐蚀性以及对橡胶、聚合物制品的强溶胀性能，可能导致在大规模使用高含量的甲醇汽油时，在储存和使用过程中会产生很多问题，如对储油罐、加油枪、汽车油箱和油路的金属及合金材质有腐蚀作用，易造成发动机使用的橡胶弹性体和密封垫等材料产生溶胀现象。对汽车发动机可能造成渐进式、短时间难以察觉的损坏，这些不仅缩短了汽车使用寿命，也产生许多不安全性和风险。低比例甲醇燃料中同样会表现腐蚀性[45]。

这方面汽车工业尤其是大的汽车制造商的态度是至关重要的。美国3大汽车公司通用、福特、克莱斯勒甚至在其用户手册上公开声明:使用甲醇汽油的车辆如发生损害则不在汽车的保修范围之内。事实上,这3家公司过去都曾经在市场上供应过4种为使用甲醇汽油专门生产的FFV车(指既可烧M85甲醇又可烧汽油的灵活燃料汽车),即克莱斯勒-道奇Spirit/PlymouthAcclaim(1993~1994年型)、克莱斯勒Concorde/Intrepid(1994~1995年型)、通用Lumina(1991~1993年型)和福特Taurus(1993~1998年型),他们是有这方面经验才提出这个要求的。此外,有些国家对于使用甲醇汽油的车辆保险公司是不予投保的。1998年12月世界汽车制造商组织联合发布的"世界燃料规范"中要求"不允许使用甲醇";2000年4月新一版的燃油规范中,再次明确要求"不允许使用甲醇"。2008年8月29日生效的美国加州空气资源委员会制定的加州新配方汽油法规,禁止加入的含氧化合物清单中第一个就是甲醇[46],可以这样认为,设备风险可能是导致世界上甲醇汽油进入萎缩阶段的另一个主要原因。

(2)运行风险

汽车用发动机燃料的安全使用性能主要包括启动性能(冷启动性能)、变(加)速性能和防气阻性能等。常规汽油是由其产品规格中的馏程(10%馏出温度、50%馏出温度)、饱和蒸气压等指标来满足这些要求的。根据甲醇的蒸发和燃烧特性,纯甲醇沸点为64℃,蒸发潜热比较高,为1178kJ/kg,而汽油仅为330~420kJ/kg,因此冬季高浓度甲醇汽油不易蒸发,冷启动困难;而夏季甲醇汽油又表现出反常的高蒸气压,高温天气汽车容易发生"气阻"现象,这在国外已引起高度关注[47]。分析这个问题有一个前提,就是专门为使用甲醇汽油设计的发动机可能不存在这些问题,但如果在常规汽车发动机上使用甲醇汽油,尤其是高浓度甲醇汽油M85、M100,就要由接近实际情况的行车试验来证明,通不过的话就需要改装或更换汽车发动机。

(3)环保风险

环保因素曾是推动甲醇汽油发展的重要有利因素,但后来又成为制约其发展的另一重要负面原因。

20世纪90年代初,美国根据《清洁空气法修正案》(CAAA)推行新配方汽油。这种清洁燃料,作出了对车用汽油化学组分含量进行限制(如硫化物、烯烃、芳烃等)以减少污染物排放和改善空气质量的规定,从而引发了汽油组分的优化问题,并引导了全球汽油清洁化的发展。新配方汽油的应用使甲醇汽油的环境优势相对减少。

其次,使用甲醇汽油尽管可以减少尾气中CO、$NO_x$排放,但尾气中非常规排放物总醛含量增加了3倍以上,而甲醛是一种致癌物质,因此如果在大城市中产生由于高密度使用甲醇汽油而导致大气中醛含量增加的危险时，其可能产生的反响应是十分严重的。同时，汽油中加入甲醇后蒸气压上升明显，运输、加工、使用过程中挥发损失增加，加上甲醇又具有相当的毒性，使用甲醇汽油对环境影响存在明显的负面效应。

国际能源组织（IEA）曾委托芬兰国家试验研究中心对几种清洁燃料的汽车尾气排放性能进行试验[48]。1995 年的试验评价报告见表 56，使用的是 M85 甲醇汽油。瑞典在 80 年代也做过这种测试，结果见表 57，使用的是 M95 甲醇汽油。表中数据表明，在尾气排放方面除了醛排放外，甲醇排放也是一个严重的问题，这些将对大气环境产生负面影响。

表 56　使用不同燃料的汽车总醛排放物平均值（IEA）　mg/km

| 试验条件 | 燃料名称 | 醛 | 甲醇 |
| --- | --- | --- | --- |
| 采用+20℃ FTP 程序 | 汽油(有催化净化) | 2.5 | 0 |
| | M85 甲醇汽油 | 5.8 | 79 |
| | LPG | <2 | 0 |
| | CNG | <2 | 0 |
| | 柴油 | 12 | 0 |
| 采用-7℃ FTP 程序 | 汽油(有催化净化) | 2.6 | 0 |
| | M85 甲醇汽油 | 23 | 810 |
| | LPG | <2 | 0 |
| | CNG | <2 | 0 |
| | 柴油 | 16 | 0 |

表 57　甲醇汽车非常规排放物与汽油汽车尾气的对比（FTP-15 程序）　mg/km

| 项　　目 | M95(无催化) | M95(有催化) | 汽油(有催化) |
| --- | --- | --- | --- |
| HC（FID） | — | — | 100~400 |
| 甲醇 | 3400 | 1300 | — |
| 苯 | — | — | 10 |
| 甲醛 | 110 | 20 | 2 |
| 乙烯 | 13 | 2 | 8 |
| PAH 多环芳烃 | 0.006 | 0.003 | 0.003 |
| 亚硝酸甲脂 | 5.7 | 0.6 | 0.13 |

此外，还要考虑甲醇制备过程中的 $CO_2$ 排放。制备甲醇时煤的能量利用率只有 31.5%~42.2%，原料煤所蕴含的能量有 57.8%~68.5%被消耗，大量碳元素

转化成 $CO_2$ 排放掉，也就是制备甲醇过程中温室气体得到大量提前排放，从而使甲醇汽油的环境优势明显降低。

甲醇毒性对甲醇汽油推广的影响也应引起重视。甲醇有毒，但非剧毒，而是"中等毒性"，争论甲醇毒性程度是否属于剧毒等没有太多意义。问题是甲醇的毒性特别是对人的视神经系统会产生严重后果，甚至死亡。大面积推广过程中，对甲醇汽油的管道运输和车辆维修保养时应该有严格的规范要求。甲醇毒性较难防范，在我国目前社会诚信和管理水平、人员素质有待提高的大环境下对甲醇毒性问题是万万不能大意的。目前甲醇汽油没有颜色标记，无法和常规汽油进行区别，也可能导致使用甲醇汽油时出现不必要的中毒事故（尤其是高浓度甲醇汽油）。甲醇汽油标准中是否需要规定着色标明，建议慎重考虑。

（4）经济风险

随着近年来国际原油价格大幅波动，最低为 20 美元/桶，最近原油价格有上升趋势（布伦特原油价格 79.80 美元/桶，WTI 原油价格 71.8 美元/桶，2018-05-23），石油成品油与甲醇价差也不断波动变化，高油价时代将甲醇汽油作为汽油代用品是有一定的经济效益的。这种差价是建立在煤制甲醇低价格煤炭资源基础上的，主要是一些地处偏僻、交通不便的地区可以提供相对低价的煤炭，这些地区油料用量少，所生产的甲醇需要长距离运输到调合工厂进行调合后使用，各种费用存在不确定性，包括煤价可能存在的波动是甲醇汽油必须考虑到的经济风险。

综上所述，开发和推广甲醇汽油面临许多严峻的挑战和风险，低浓度甲醇汽油 M15 的风险小于高浓度甲醇汽油，但相应得到的技术经济效果也随之下降。这些风险大部分是由技术经济方面的原因所引发，是实际存在的，不能简单用所谓的"惯性思维"或"符合国情"等笼统提法就可以解决的。甲醇汽油最终能否成功推广还是要由市场来决定取舍。美国 ASTM 标准中甲醇汽油的标准是全的（M100、M85、M15），但最终在美国还是通不过市场这一关，进入生命周期中的萎缩阶段。

对于大城市尤其是像上海等特大城市中推广甲醇汽油，应慎之又慎。

大城市，尤其是特大城市对汽油使用要求不仅数量大，而且质量要求也高，许多大城市已经使用国Ⅵ清洁汽油标准。大、中城市使用车辆中大部分是由合资企业生产，外方美、德、日等国均已不使用甲醇汽油，所以合资汽车企业外方态度是至关重要的。

大、中城市对城市空气质量要求高，甲醇汽油尾气中醛含量和甲醇含量高的问题必须解决，否则，大面积推广后可能产生严重环境影响，包括政治影响是不可低估的。总之，目前在大、中城市全面推广使用甲醇汽油有很大的风险，必须慎之又慎。

## 4.2　车用乙醇汽油的开发和推广

高燃烧效率醇醚清洁汽油的开发和推广是清洁能源未来发展的一个重要方向。生物燃料乙醇生产和推广使用于车用乙醇汽油则是当前我国清洁能源工程最有条件和最现实的一个方向。2017 年 9 月 13 日由国家发改委、国家能源局等 15 个部门联合发布了《关于扩大生物燃料乙醇生产和推广使用车用乙醇汽油的实施方案》（下称《方案》）。《方案》提出到 2020 年，在全国范围内推广使用车用乙醇汽油，基本实现全覆盖，到 2025 年，力争纤维素乙醇工业实现规模化生产，先进生物液体燃料技术、装备和产业整体达到国际领先水平，形成更加完善的市场化运行机制。并将"以生物燃料乙醇为代表的生物能源"提高到了"国家战略性新兴产业"的地位，指出"车用乙醇汽油推广使用是一项国家战略性举措，也是复杂的系统工程"。国际上，车用乙醇汽油的种类有多种，如车用 E10（乙醇体积含量 10%）、E20（乙醇体积含量 20%）和 E85（乙醇体积含量 85%）等，目前，E10 乙醇汽油基本上就是我国推广高燃烧效率醇醚清洁汽油的一个主要代表品种。

乙醇汽油是一种由粮食或各种植物纤维加工成的燃料乙醇和普通汽油按一定比例混配形成的新型石油替代能源。按照我国的国家标准（GB 18351—2017），E10 乙醇汽油是用 90%（体积分数）的普通汽油（不得含有 MTBE）与 10%（体积分数）的燃料乙醇调合而成，车用乙醇汽油调合组分油由炼厂生产，乙醇则在销售渠道添加（一般在调配中心添加）[49]，依据美国、巴西等国的经验，车用乙醇汽油的调配中心需设在靠近销售终端的地方；调合好的车用乙醇汽油应在较短的时间（<30 天）内使用，有关储罐、槽车、加油枪等均须专用，并且要配备精密的脱水和干燥设施。调合车用乙醇汽油所需的燃料乙醇属于国家指令性计划产品，国家对生物燃料乙醇实行"定点生产、定向流通、封闭运行、有序发展"的政策进行管理。由于用 E10 乙醇汽油代替普通汽油后，汽车发动机无需更换，汽车可以交替使用乙醇汽油和普通汽油，比较容易推广，因此我国目前是以 E10 乙醇汽油为代表来推广使用，并已经取得一定的实际经验。

推广使用乙醇汽油的产品优势：

（1）减少尾气污染物排放

车用乙醇汽油氧含量较高，燃料燃烧更加充分，据国家汽车研究中心所作的发动机台架试验和行车试验结果表明，使用车用乙醇汽油，在不进行发动机改造的前提下，动力性能基本不变，尾气排放的 CO 和 HC 化合物平均减少 30% 以上，有效地降低和减少了有害的尾气排放。

（2）动力性能好

乙醇辛烷值高（RON 为 111），发动机可采用高压缩比提高发动机的热效率和动力性，加上其蒸发潜热大，可提高发动机的进气量，从而提高发动机的动力性。

（3）减少发动机内部积炭

因为车用乙醇汽车的燃烧特性好，能有效地消除火花塞、燃烧室、气门、排气管消声器部位积炭的形成，避免了因积炭形成而引起的故障，延长部件使用寿命。

（4）使用方便

乙醇常温下为液体，操作容易，储运使用方便，与传统发动机技术有继承性，特别是使用 E10 乙醇汽油混合燃料时，由于大部分燃料仍是常规汽油，所以发动机结构变化不大，无须更换。

（5）具有良好的燃油系统自洁性能

车用乙醇汽油中加入的乙醇是一种有机溶剂，具有良好的清洁作用。能有效地消除汽车油箱及油路系统中燃油杂质的沉淀和凝结（特别是胶质胶化现象），具有良好的油路疏通作用。

（6）资源丰富

中国生产乙醇的主要原料包括含有糖作物，含淀粉作物以及纤维类燃料，这些都是可再生资源且来源丰富，因而使用乙醇燃料可部分减少车辆对石油资源的依赖，也有利于我国能源安全。当然，如果主要是用 E10 乙醇汽油为代表来推广使用，则效果还是有限的。

推广使用乙醇汽油的产品劣势：

（1）热值低

同样体积的乙醇，其能量只有汽油的 2/3（表 54），当它与汽油进行混合时，实际上降低了燃料的总热含量。因此，同样加满一箱油，混合乙醇的汽油只能行驶更少的里程，当然如 E5/E10 乙醇汽油由于乙醇的浓度很低，所以实际影响不算大。

（2）蒸发潜热大

乙醇的蒸发潜热是汽油 2 倍多，蒸发潜热大会使乙醇类燃料低温启动性能和低温运行性能恶化，如果发动机不加装进气预热系统，燃烧全醇燃料时汽车难以启动，但在汽油中混合低比例的醇，由燃烧室壁供给液体乙醇以蒸发热，蒸发潜热大这一特点可成为提高发动机热效率和冷却发动机的有利因素。

（3）易产生气阻

乙醇的沸点只有 78℃，在发动机正常工作温度下，油路很容易产生气阻，导致燃料供给量降低甚至中断供油。

（4）高浓度乙醇汽油存在腐蚀金属的倾向

乙醇在燃烧过程中，会产生乙酸，后者对汽车发动机金属特别是铜元素有腐蚀作用。有试验表明，当汽油中乙醇含量在10%以下时，对金属基本没有腐蚀；但乙醇超过15%时，则必须添加一定量腐蚀抑制剂。

（5）与发动机某些材料的配伍适应性差

乙醇是一种优良的溶剂，易对汽车发动机密封橡胶及其他合成非金属材料产生一定的轻微腐蚀、溶胀、软化或龟裂作用，尤其是使用高浓度乙醇汽油场合下应注意该问题。

（6）乙醇汽油长期储存时易分层

乙醇本身容易吸水，车用乙醇汽油的水含量超过标准指标后，容易发生液相分离，影响使用。所以车用乙醇汽油有一定的储存保质期限。

（7）并非真正意义上的"清洁能源"

生产燃料乙醇原料所使用到的农机、肥料、运输和乙醇加工等一系列环节所消耗掉的化石能源总能量，比乙醇本身所能提供的能量还要高出29%，所以从"全生命周期"概念来分析乙醇汽油的话，它并不能算做真正意义上的清洁能源或绿色能源，也不能减少碳排放总量。当然如果今后纤维素乙醇技术及产业化能够得到突破，从变废为宝、综合利用角度出发讨论该问题应该是一种可持续发展的好能源。

## 4.2.1　世界燃料乙醇/车用乙醇汽油发展历程和经验

和甲醇汽油不同，世界乙醇汽油发展历程虽然也有过波折，总的来讲还算顺利。影响乙醇汽油发展的三大要素是资源、技术和经济。世界上生物燃料乙醇发展也是不平衡的，比较快的国家，如巴西和美国，首先得益于他们有廉价易得的资源供给，同时也有这方面的需求。燃料乙醇生产和消费量最大的国家是美国，2016年全球燃料乙醇年产量约7500万吨，美国燃料乙醇产量达4422万吨，巴西2118万吨，我国燃料乙醇产量列世界第三，但产量只有260万吨左右，差距巨大。图12是近年来燃料乙醇主要生产国产量变化情况。

燃料乙醇作为最为成功的生物质能源替代品种，在美国、巴西、欧盟等国家和地区都已形成新的能源产业。早在20世纪20年代，巴西就开始了乙醇汽油的使用。由于巴西石油资源缺乏，但该国盛产甘蔗，于是形成了用甘蔗生产蔗糖和醇的成套技术。巴西是世界上乙醇汽油中乙醇含量最早达到20%的国家。巴西为全世界提供了宝贵的发展乙醇汽油的经验和教训。巴西发展乙醇燃料经历了一个非常曲折的过程。巴西有他的独特的政治、经济环境。1975年，巴西实施全国

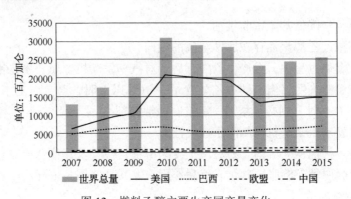

图 12　燃料乙醇主要生产国产量变化

数据来源：前瞻产业研究院《生物质能源行业分析报告》

乙醇计划，当时巴西燃料供应约 90% 是依靠外国石油。为了改变这种情况，巴西政府为甘蔗种植提供补贴，规定人口在 1500 人以上的城镇强制执行加油站安装乙醇加油泵。到上世纪 80 年代初，巴西销售的车辆几乎都使用乙醇燃料。以后有一段时间，世界石油价格大跌，为乙醇生产提供的补贴取消，生产乙醇的甘蔗转为生产食用糖，导致加油站乙醇供应短缺，生产乙醇燃料的汽车工业几乎完全停产。期间巴西成立甘蔗技术研究中心，全过程地研究提高甘蔗和乙醇燃料的生产效率，乙醇生产成本从每升 60 美分降低到 20 美分左右，加上以后由于石油价格上升，乙醇燃料就具有充分的市场竞争力。为了担心乙醇供应短缺，巴西农业部 2007 年规定所有的乙醇汽油中乙醇含量从 25% 降低到 20%，但仍有证据表明，巴西乙醇需求大于供应，这就需要建设更多新的乙醇厂和需要更多的土地被用于种植甘蔗，从而进一步加剧了巴西已经引起分歧的土地保护问题。这一问题至今仍有争论。

　　美国是世界上另一个燃料乙醇的消费大国，该国主要用玉米生产乙醇燃料，2007 年美国 25% 的玉米产量用于生产乙醇燃料，（联合国粮农组织报告 080213）。20 世纪 30 年代在内布拉斯加州地区乙醇汽油首次面市。1978 年含 10% 乙醇汽油（E10 汽油）在内布拉斯加州大规模使用，此后，美国联邦政府对 E10 汽油实行减免税，燃料乙醇产量从 1979 年的 3 万吨迅速增加到 1990 年的 269 万吨。2000 年美国燃料乙醇产量达到 500 万吨，2010～2013 年美国燃料乙醇产量稳定在 4000 万吨左右，2014 年燃料乙醇总产量为 4300 万吨。随着 MTBE 在美国使用量的减少和最终的禁用，燃料乙醇成为 MTBE 最佳含氧化合物的替代产品。表 58 是 1992—2007 年美国乙醇燃料汽车保有量和乙醇燃料消费情况[50]。应注意美国已经大量使用 E85 乙醇汽油[85%（体积分数）燃料乙醇和 15%（体积分数）的汽油混合燃料]。据说美国现在已经有 600 万辆 FFvs 汽车（灵活燃料汽车）上路，巴西有 220 万辆。在美国的加油站，你可以加常规汽油也可以加 E10 乙醇汽油或加 E85

的乙醇汽油。

**表 58 1992~2007 年美国乙醇燃料(E85)汽车保有量和乙醇燃料消费情况**

| 年 份 | 汽车保有量/辆 | 燃料消费量/千加仑汽油当量① | 年 份 | 汽车保有量/辆 | 燃料消费量/千加仑汽油当量① |
|------|------|------|------|------|------|
| 1992 | 172 | 22 | 2000 | 87570 | 12388 |
| 1993 | 441 | 49 | 2001 | 100303 | 15007 |
| 1994 | 605 | 82 | 2002 | 120951 | 18250 |
| 1995 | 1527 | 195 | 2003 | 179090 | 26376 |
| 1996 | 4536 | 712 | 2004 | 211800 | 31581 |
| 1997 | 9130 | 1314 | 2005 | 246363 | 38074 |
| 1998 | 12788 | 1772 | 2006 | 297099 | 44041 |
| 1999 | 24604 | 4019 | 2007 | 364384 | 54091 |

① 1 加仑(美)= 3.785 升。

从巴西和美国发展生物燃料乙醇和推广使用车用乙醇汽油走过的道路来看，它是一种典型的政策驱动型产业，同时还受市场经济影响很大。美国和巴西都是先通过政策支持过渡并最终走上了市场化道路，许多地方值得我们学习。

以美国为例，美国发展生物燃料乙醇的重要做法是立法加补贴，配合监管和技术创新。具体是：

(1) 立法。美国是目前世界上燃料乙醇推广应用最多的国家，也是相关配套法规政策最为完善的国家。1978 年，美国颁布了"能源税率法案"，减少燃料乙醇用户的个人所得税，打开应用市场。1980 年，颁布法案对来自巴西的进口乙醇征收高额关税，保护本国产业。2004 年，直接对燃料乙醇的销售商提供财政补贴。总之，美国从 20 世纪 80 年代开始用立法推动燃料乙醇的发展，分别制定了《能源税收法案》《原油暴利所得税法》《混合和解法案》《乙醇汽油竞争法》《能源安全法案》《清洁空气法案修正案》《可再生氧化规则》《能源政策法 1992》《发展和推进生物质基产品和生物能源》《美国农业法令》《美国创造就业法案》《国家能源政策法 2005》《能源独立和安全法案 2007》《美国清洁能源和安全法案 2009》等系列法案。这些法案分别从能源安全、税收优惠、环境保护、农业发展、创造就业等各个角度形成了全方位的法律保障体系。

(2) 政府严格监管。政府部门严格贯彻执行相关法规和政策，对包括生产商、加油站、玉米种植者在内的企业和利益相关者进行监管。具体目标和标准是：

美国环保署(EPA)根据《国家能源政策法案 2005》制定了强制性的《可再生燃料标准-RFS》，根据 RFS 要求，2006 年生物燃料利用量至少达到 40 亿加仑[1 加仑(美)=3.785 升],并逐年增加到 2012 年 75 亿加仑。由于美国能源政策法的推动,实际到 2007 年已经基本实现了 2012 年规划的指标。2007 年底,美国环保署(EPA)又根据《能源独立和安全法案 2007》制定了 RFS II,要求 2008 年生物燃料利用量达到 90 亿加仑,到 2022 年达到 360 亿加仑。RFS II 还提出了纤维素燃料(农林废弃物等)、生物柴油、先进生物燃料(纤维素乙醇、生物质柴油等)和可再生燃料(玉米乙醇等)四种可再生燃料的利用量,并对四种类型的生物燃料提出了最低温室气体排放要求,以 2005 年美国燃料平均温室气体排放强度为基准,纤维素燃料、生物柴油、先进生物燃料和可再生燃料温室气体减排门槛分别为 60%,50%,50% 和 20%,对达不到温室气体排放要求的可再生燃料不能计入。RFS 由美国能源署(EIA)负责实施与管理,根据 2022 年总体目标制定各年度具体实施要求。EPA 根据每年工业、经济、农业和生物能产出情况,有权评估确定最小可再生燃料利用量。

美国环保署(EPA)还需根据美国能源署(EIA)对下年度汽柴油消费量预测及前一年政策目标的实施情况,调整年度标准及四种可再生燃料混合比率,并在每年 11 月 30 日前予以公布。RFS II 要求所有负责汽柴油炼制、混配或进口最终出售到美国消费市场的责任商均需达到可再生燃料混配标准,即要求企业每年必须实现一定的可再生燃料配比责任量(Renewable Volume Obligation, RVO)。可再生燃料生产商或者进口商通过 EPA 对所生产和进口的生物燃料申请注册可再生燃料身份码(Renewable Identification Numbers, RINs)。而 EPA 可通过调试交易系统来检测追踪 RINs 的生产、交易和工期,避免可再生燃料信息的混淆。

(3)支持技术创新,发展纤维素燃料乙醇。在需求带动下,为保障供应,美国着手制定政策,发展纤维素燃料乙醇,并由政府给予资金支持。依靠政策支持和技术创新,美国目前已成为全球燃料乙醇产业技术最领先的国家。

(4)具体补贴措施。美国对谷物乙醇汽油调合物给予 45 美分/加仑(11.89 美分/升)的税收优惠减免,乙醇进口关税为 54 美分/加仑(14.27 美分/升),以提高从国外进口的价格。2008 年美国国会通过了对纤维素生产燃料乙醇生产商实施税收优惠的新政策,确定每加仑燃料乙醇免税 1.01 美元。直到 2012 年初,美国针对谷物乙醇燃料的联邦税收补贴终止,30 年来,美国政府总共为此投资了 200 多亿美元(1 美加仑=3.7854 升)。

巴西经验:巴西发展生物燃料乙醇是先通过实施早期的"国家乙醇计划"再过渡到后来的市场经济化。

(1)巴西在早期推出了"国家乙醇计划"。该计划由巴西政府部门和国家石油公司主导实施,包括价格手段、总量规划、税收优惠、政府补贴、配比标准等多种政策,对燃料乙醇产业进行强力干预和控制。该计划的实施为巴西燃料乙醇产业打下基础。

（2）后期政策退出，转为市场经济化。本世纪以来，巴西逐渐减小政策支持力度，放松价格限制，交由市场定价。同时，巴西政府积极推广灵活燃料汽车，消费者可以根据汽油价格和燃料乙醇价格的对比灵活选择燃料，从而促进燃料乙醇的使用，国家并没有在一个城市和地区强制性规定只能单一使用乙醇汽油。通过前期国家计划和后期市场化，巴西燃料乙醇实现了良性可持续发展。

前已指出，欧盟等国家和地区也已将乙醇汽油作为一种新的能源产业。图13是瑞典首都斯德哥尔摩近郊一加油站，该加油站同时出售95#汽油和E85乙醇汽油，不出售E10乙醇汽油。E85乙醇汽油当地零售价格为10.81瑞典克朗/升（2018年8月），95#汽油当地零售价格为15.91瑞典克朗/升，E85乙醇汽油价格相当于95#汽油价格的68%，比汽油价格低较多。在一些机场大巴上使用E85乙醇汽油时作者闻到尾气有一股难闻的醛味。同时值得指出的是，美国和欧盟都使用E85乙醇汽油而不是我国单一推广E10乙醇汽油，其中原因和利弊需进一步分析。

图13　瑞典斯德哥尔摩近郊同时出售95#汽油和E85乙醇汽油加油站（2018年8月）

### 4.2.2　中国燃料乙醇/车用乙醇汽油的发展历程

我国车用乙醇汽油发展起步较晚，2000年，原国家计委、经贸委等部门组成了车用乙醇汽油推广工作领导小组，并建立联席办公会议制度，由国家计委、经贸委等八部委和中国石油、中国石化等公司联合，推动车用乙醇汽油在我国的推广应用工作。

2001年，由原国家计委牵头，负责燃料乙醇和车用乙醇汽油的推广规划及项目建设，原国家经贸委负责车用乙醇汽油试点及推广应用。按照"先试点后推广"的原则，吉林年产60万吨和河南年产30万吨燃料乙醇项目分别于2001年9月和2004年开工建设；另外，河南天冠年产30万吨与黑龙江华润金玉年产10万吨燃料乙醇的改扩建项目分别于2000年和2001年完成，并在河南南阳市、郑州市、洛阳市和黑龙江省肇东市、哈尔滨市五个城市开展车用乙醇汽油的试点，试点取得成功经验后，在全国更大区域推广应用。经过一年试点，证明车用乙醇汽油无论在技术上还是管理上都是可行的，且环境效应良好，社会效益显著。为了统筹安排燃料乙醇产业发展和车用乙醇汽油推广应用，国家发展和改革委员会制定了《车用乙醇汽油"十五"专项规划》和《燃料乙醇及车用乙醇汽油"十五"发展专项规划》，并着手准备立法。2004 年初，国家发改委等部门联合以发改工业〔2004〕230 号文件通知的形式，下发了关于《车用乙醇汽油扩大试点方案》和《车用乙醇扩大试点工作的实施细则》，这是试点期内燃料乙醇推广应用的主要政策依据。2005 年 2 月，国家出台了《可再生能源法》，以国家层面立法形式支持包括燃料乙醇在内的生物能源的发展。经过 5 年的试点和推广使用，中国生物乙醇汽油在生产、混配、储运及销售等方面已拥有较成熟的技术。2006 年中国全年粮食产量超过 4.9 亿吨，实现三年的连续增产，但粮食总的供求关系还是处在一个紧平衡的状态。这几年玉米的加工能力扩张得比较快，2005 年，全国玉米深加工能力已经达到了 1000 亿斤，实际加工消耗是 500 多亿斤；2006 年加工能力达到了 1400 亿斤，实际加工接近 700 亿斤。深加工对于玉米的消耗也造成了玉米供求状况的变化，带动了价格的上涨。2007 年粮食价格上涨 6% 左右，涨幅高于 2006 年，粮、油等食品价格上涨成为推动 CPI 上涨的主要因素。2006 年中国玉米产量 1.385 亿吨，其中饲料用量是 9600 万吨，3020 万吨是工业用量，其中燃料乙醇所用的玉米量只占工业用量的 1/10，占玉米总产量的 2% 多一点，所以不存在争粮的嫌疑。至 2006 年 6 月，中国已形成燃料乙醇 102 万吨/年生产能力、年混配 1020 万吨生物乙醇汽油（E10）的能力，生物乙醇汽油的消费量已占到当年全国汽油消费总量的 20%。

2006 年，中国燃料乙醇的生产达到 130 万吨。中间还曾经叫停过一次，就是国家发改委和财政部于 2006 年 12 月发出紧急通知，要求各地不得再以玉米加工为名，违规建设生物燃料乙醇项目，盲目扩大玉米加工能力，也不得以建设燃料乙醇项目为名盲目发展玉米加工乙醇能力。当时国家停止对玉米加工乙醇项目审批的主要原因是：①玉米生产乙醇比用其他生物原料的成本高。②过度发展玉米生产乙醇项目不利于农业结构的调整。③我国玉米生产供不应求。④过度发展玉米生产乙醇项目可能会引发国家粮食安全问题。这些问题至今还值得我们在发展燃料乙醇/乙醇汽油过程中加以十分重视。

根据《生物燃料乙醇以及车用乙醇汽油"十一五"发展专项规划》，到 2010 年，中国将以薯类、甜高粱等非粮原料为主生产 522 万吨燃料乙醇，届时乙醇汽油使用量将占全国汽油用量的 75%。中国发展非粮乙醇的可行之路在于发展用甜高粱、甘薯、木薯等原料来替代粮食。纤维法生产乙醇技术还不成熟，美国计划用 6 年时间攻克这一技术难关。国内有企业已经实现了用纤维原料生产乙醇，但吨成本比粮食法要高 1000 多元。实际上，《生物燃料乙醇以及车用乙醇汽油"十一五"发展专项规划》中规定的目标并没有完全实现，根据中国酒业协会统计，至 2013 年，我国已形成了 202.5 万吨/年燃料乙醇生产能力，其中以玉米为原料的燃料乙醇产能达到 174 万吨/年。我国目前共有 7 家定点生产企业，其中安徽中粮生化(原安徽丰原生化)、吉林燃料乙醇和肇东中粮生化(原黑龙江华润酒精)主要以玉米、小麦为原料；河南天冠同时生产 1 代和 2 代乙醇；广西中粮生物质和内蒙古中兴能源有限公司主要以木薯和甜高粱茎秆为原料(1.5 代非粮乙醇)；龙力生物以玉米芯废渣为原料(2 代纤维素乙醇)，表 59 是国内目前燃料乙醇生产企业情况。

**表 59　国内目前燃料乙醇生产企业情况**

| 企　业 | 地　点 | 原　料 | 产能/(kt/a) | 供应区域 |
|---|---|---|---|---|
| 河南天冠 | 河南南阳 | 小麦、玉米、薯类 | 700 | 河南、河北、湖北 |
| 吉林燃料乙醇 | 吉林 | 玉米 | 600 | 吉林、辽宁 |
| 安徽中粮生化 | 安徽蚌埠 | 小麦、玉米 | 510 | 安徽、山东、江苏、河北 |
| 中粮生化能源 | 黑龙江肇东 | 玉米 | 250 | 黑龙江 |
| 广西中粮生物 | 广西北海 | 木薯 | 200 | 广西 |
| 山东龙力 | 山东 | 纤维素 | 50 | 山东 |
| 中兴能源 | 内蒙古五原县 | 甜高粱茎干 | 30 | 内蒙古 |
| 合计 | | | 2340 | |

　　2013 年全年国内燃料乙醇消费量已经达到 221.7 万吨，乙醇汽油推广已经覆盖 11 个省份，加上浙江、广东、江西、海南新核准项目，乙醇汽油将覆盖 15 个省份。前已指出，中国目前燃料乙醇年产量仅有 260 万吨，占全球总产量不到 4%。2016 年底发布的《生物质能发展"十三五"规划》指出，到 2020 年我国燃料乙醇产量将达 400 万吨，而 2015 年国内燃料乙醇的实际年利用量仅为 230 万吨左右，增长空间还很大。图 14 是 2007~2015 年我国燃料乙醇产量统计。2016

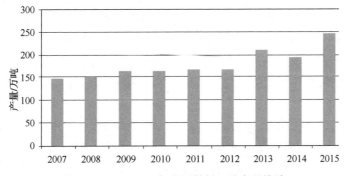

图 14　2007~2015 年我国燃料乙醇产量统计

数据来源：前瞻产业研究院，《生物质能源行业分析报告》

年，中国燃料乙醇的产量为 260 万吨，调合乙醇汽油约 2600 万吨，与当年全国汽油总消费量相比，乙醇汽油占比 20%。

### 4.2.3　我国发展燃料乙醇和车用乙醇汽油产业的近期目标和中长期目标

在本世纪初我国曾推行过一次乙醇汽油，但总体来看进展并不很快、很成功，中间还曾经叫停过一次，即国家发改委和财政部于 2006 年 12 月发出紧急通知，要求各地不得再以玉米加工为名，违规建设生物燃料乙醇项目，盲目扩大玉米加工能力，也不得以建设燃料乙醇项目为名盲目发展玉米加工乙醇能力。2017 年 9 月公布的《方案》中提出，到 2020 年，也就是在三年时间内全国范围内推广使用车用乙醇汽油，基本实现全覆盖，并将"以生物燃料乙醇为代表的生物能源"提高到了"国家战略性新兴产业"的地位，指出"车用乙醇汽油推广使用是国家战略性举措，也是复杂的系统工程"，应该讲，这次是将《方案》提高到了一个国家战略高度层面去认识。

目前，我国共有 11 个省份使用乙醇汽油。其中，辽宁、吉林、黑龙江、河南、安徽和广西 6 个省份为"全封闭式"推广，原则上 6 省份内所有加油站全部提供乙醇汽油，不得混杂普通汽油；而江苏、湖北、河北、山东和广东 5 个省份则是"半封闭式"推广，这些区域的加油站同时提供普通汽油和乙醇汽油。调查发现，在全封闭区域内的车主对乙醇汽油体验良好，但在混合供应区域，多数车主还是相信普通汽油，乙醇汽油相对遭到一些冷落。

截至 2016 年 9 月，我国玉米存量为 2.7 亿吨，目前，国内玉米库存预计有 2.1 亿吨左右。其中，2014 年产的 6000 万吨左右，2015 年产的 1.25 亿吨，超储严重，而且国内对玉米的消费、进口都在减少，如果 2018 年玉米产量继续下降，那么很可能 2014 年产的 6000 万吨全部拍卖掉后没有剩余，但产量继续维持在 2.0 亿吨或以上，那么 2018~2019 年，中国将有大量过期玉米(如果不进行轮换的话)，可用于生产乙醇。因此国家发展燃料乙醇和车用乙醇汽油产业的近期目标应该主要是去玉米库存，但存在一定的资源风险。这次推广是否也会随着这一批超储的陈化粮耗尽而变化？能否实现《方案》中长期目标规定的要在 2025 年之前实现纤维素乙醇的大规模量产并最终市场化。只有这样燃料乙醇生产就不需要消耗粮食，或少消耗粮食，从而达到进一步彻底摆脱燃料乙醇"与粮争地"和"与人争粮"的窘地。后者才是一条我国燃料乙醇和车用乙醇汽油产业的可持续发展道路。对照 2015 年中国汽油表观消费量在 1.12 亿吨(见表 1)，以当前 E10 汽油掺混比例来看，假设全国范围内车用汽油全部实行乙醇汽油，1.12 亿吨汽油表观消费量至少将消耗燃料乙醇量 1120 万吨左右，远大于目前燃料乙醇的实际产量，同时，如果完全采用玉米作为制备燃料乙醇的原料，则需要提供 3696 万吨玉米。如按表 1 预测，到 2020 年汽油表观消费量在 1.5 亿吨的话，燃料乙醇缺口量更大。有关专家预测，2020 年燃料乙醇需求量将超过 1000 万吨，因此在全国范围内推广使用车用乙醇汽油，基本实现全覆盖的任务有可能完成，但要全部代替普通车用汽油则有较大困难。总之在当今世界贸易存在较大风险的格局下，发展燃料乙醇和乙醇汽油应主要立足于国内资源和科技创新，不应依赖于进口燃料乙醇。当前我国原油进口依存度已经很高，作者以为，没有必要在燃料乙醇领域再增加一个过分依赖进口的大风险因素。

2017 版《方案》能否最终顺利实施，关键是纤维素乙醇核心技术的突破及其产业化。目前，全国每年仅农作物秸秆约有 7 亿吨，其中作为农村燃料消耗 2 亿吨。若将其余 5 亿吨用来生产乙醇，可产乙醇 7000 万吨左右。加上木材工业下脚料、制糖造纸工业下脚料和城市废纤维垃圾等，总计可得乙醇 8500 万吨，比目前美国和巴西两国的乙醇产量还要多，可见纤维素资源是有保障的，关键是技术要有突破，同时经济上要过关，至少是实现微利。强调经济因素是因为目前以秸秆为代表的纤维素乙醇与玉米乙醇相比成本上没有优势，玉米产乙醇比使用秸秆生产的国产纤维素乙醇(国投生物科技)每吨成本低 2000 元人民币左右。我们要开发的纤维素乙醇技术必须是能够实实在在过好经济关的先进技术。总之，就《方案》近期目标而言，可从经济和政策入手解决，近期手段主要是去玉米库存，要达到《方案》中长期目标必须在纤维素乙醇技术方面有重大的创新和突破，而不是片面去追求高风险下的燃料乙醇进口方案。

### 4.2.4 车用乙醇汽油发展技术经济

#### 4.2.4.1 《关于扩大生物燃料乙醇生产和推广使用车用乙醇汽油的实施方案》的解读

经国务院同意，2017 年 9 月，国家发展改革委、国家能源局等十五部门联合印发《关于扩大生物燃料乙醇生产和推广使用车用乙醇汽油的实施方案》(以下简称《方案》)，明确了扩大生物燃料乙醇生产和推广使用车用乙醇汽油工作的重要意义、指导思想、基本原则、主要目标和重点任务。《方案》要求，各有关单位要按照"严控总量，多元发展"、"规范市场，有序流通"、"依法推动、政策激励"等基本原则，适度发展粮食燃料乙醇，科学合理把握粮食燃料乙醇总量，大力发展纤维素燃料乙醇等先进生物液体燃料，满足持续增长的市场需求。到 2020 年，在全国范围内推广使用车用乙醇汽油，基本实现全覆盖，初步建立市场化运行机制，先进生物液体燃料创新体系初步构建，纤维素燃料乙醇 5 万吨级装置实现示范运行，生物燃料乙醇产业发展整体达到国际先进水平。到 2025 年，力争纤维素乙醇实现规模化生产，先进生物液体燃料技术、装备和产业整体达到国际领先水平，形成更加完善的市场化运行机制。应该说，到 2025 年我国力争纤维素乙醇实现规模化生产是关键，但实施的困难也最大。

纤维素生物质是由纤维素（30%～50%），半纤维素（20%～40%）和木质素（15%～30%）组成的复杂材料。纤维质生物质中的糖以纤维素和半纤维素的形式存在。纤维素中的六碳糖和玉米淀粉中含有的葡萄糖一样，可以用传统的酵母发酵成乙醇。而半纤维素中含有的糖主要为五碳糖，传统的酵母无法经济地将其转化为乙醇，每一种植物的确切成分都不尽相同。纤维素存在于几乎所有的植物生命体中，是地球上最丰富的分子。一直以来，将纤维质生物质转化成乙醇是科学家们面对的巨大挑战。酸、高温等苛刻的条件都曾经被用来尝试将纤维素分子打断，水解成单一的糖。

在当前的纤维素乙醇产业化探索中常采用酸水解和酶水解两条不同的技术路线来实现木质纤维素的降解。

同酸法水解工艺相比，酶法水解具有反应条件温和、不生成有毒降解产物、糖得率高和设备投资低等优点。而妨碍木质纤维素资源酶法生物转化技术实用化的主要障碍之一，是纤维素酶的生产效率低、成本较高。当前使用的纤维素酶的比活力较低、单位原料用酶量很大、酶解效率低，产酶和酶解技术都需要改进。为了满足竞争的需要，生产每加仑乙醇的纤维素酶的成本应该不超过 7 美分（1.85 美分/升）。但在当前产酶技术条件下，生产 1 加仑乙醇需用纤维素酶的生产费用约为 30~50 美分（7.93~13.21 美分/升），远大于 7 美分的界限。

到 2008 年上半年为止，世界上还没有大型商业规模的纤维素乙醇工厂。不过，世界上包括美国、德国和加拿大等国已经有一些公司计划在未来的几年中开始生产。美国能源部当前已经投资了大约 12 家即将建立示范和商业规模工厂的公司。从有关报道分析，世界上纤维素乙醇产业化的时间最早不会早于 2025 年，和我国《方案》要求基本相同。使用的原料有多种，比较有代表性的有玉米芯等品种。

最近报道，世界上最大的万吨级杜邦规模化纤维素乙醇工厂于 2015 年在美国艾奥瓦州内华达市投产运行，年产 3000 万加仑（约 1.14 万立方米）清洁燃料。该工厂将采用玉米秸秆作为生产乙醇的原料，展示如何将非食品的农作物作为可再生原料进行清洁能源的商业规模生产，也将作为纤维素技术的商业应用模式进行推广，类似的报道还有一些，但均集中于美国艾奥瓦州，产能也没有大突破。在亚洲，杜邦于 2015 年 6 月份与中国吉林新天龙实业股份有限公司签署杜邦的首个纤维素乙醇项目合作协议，准备共同建造中国最大的纤维素乙醇工厂。图 15 是位于美国艾奥瓦州内华达市的杜邦纤维素乙醇工厂。

图 15　位于美国艾奥瓦州内华达市的杜邦纤维素乙醇工厂

　　山东龙力生物是国内首家生产二代纤维素乙醇，且是目前唯一获得国家燃料乙醇定点生产资格的企业。2018 年 4 月，龙力生物宣布收到《关于下达国家生物燃料乙醇财政补贴资金预算指标的通知》，该公司将获得生物燃料乙醇财政补贴资金 3806 万元，补贴标准为 800 元/吨。至此，国家关于纤维燃料乙醇的财政补贴政策正式落地，龙力生物也成为首家获得二代燃料乙醇国家财政扶持发展企业。该公司玉米芯酶法制备纤维素乙醇被列入"国家高技术产业化示范工程项目"，拥有国家专利技术，主要客户包括中国石油、中国石化等。在项目创新方面，山东龙力生物科技有限公司以玉米芯加工残渣为原料生产燃料乙醇，突破了直接利用纤维素原料生产乙醇技术中存在的原料预处理复杂、酒精酵母代谢戊糖难、原料集运成本高等技术难题；并通过新的纤维素酶高产菌株，优化了玉米芯加工残渣生产纤维素酶的工艺条件，提高了产酶能力；利用溶剂法高效浸提木质素，提高了原料中的纤维素含量，减少了木质素对酶的失效吸附影响，提高了酶的纤维素转化效率和酒度；发明了玉米芯加工残渣同步糖化发酵生产乙醇的生物转化工艺技术。而纤维素酶新工艺的主要发明点有青霉抗解物阻遏突变株的独特的生产菌；以工业废液、废渣为基础，同化了糖化发酵技术。可见我国纤维素乙醇产业化也正处在加紧进行研发过程中，但具体困难还是比较多的，关键是在科研方面要加大投入，在核心技术方面要有重大突破，同时要在克服环境影响和经济效益等方面具有良好竞争力[51]。

　　运用生物质原料生产纤维素乙醇的企业成本过高，无法实现商业化大规模生产，是许多国家农业废弃物高附加值利用的一个难题。植物秸秆主要由半纤维素、纤维素、木质素三大成分组成，之前无法实现商业化生产，是因为只利用了秸秆中的纤维素来做乙醇，对植物秸秆的其他成分无法提取利用，导致纤维素乙醇综合生产成本过高。所以，核心问题就是要把秸秆中的三大成分都有效提取和利用，以低成本生产木糖、糠醛、木质素、纤维素乙醇及纸浆、溶解浆等产品，剩余残渣还可以用作有机肥料和沼气。这种综合利用方式，使秸秆价值比原来增加 3~5 倍，摊薄了纤维素乙醇的生产成本，消除了制约其发展的成本瓶颈。同时新开发的生物质利用工艺要求原料选择性非常广泛，除了玉米秸秆和玉米芯外，还包括葵花秆、瓜子皮、毛竹等十几种生物质原料。总之，燃料乙醇的未来既不取决于甘蔗，也不取决于谷物，而是取决于通过技术创新生产纤维素乙醇（BTL），即从生物质中能有效地提取第二代生物燃料。美国能源部宣布，将安排 2.5 亿美元用于研究开发纤维素乙醇技术，美国已确定该技术 2025 年实现工业化，2035 年实现大规模生产，这个安排说明美国能源部对此还是留有一定余地的。也有研究预测，在未来十年内纤维质生产乙醇可望完成工业化进程，一般而言，高技术含量的生物工程产业化难度相对是比较高的，存在较大的变动因素，对此人们将拭目以待[52]。

### 4.2.4.2　产业具体扶持政策和可持续发展

从本质上分析，燃料乙醇是一种典型的政策驱动型产业。也由于它是以有机生物质为原料，受农业、食品工业及国民经济的关系影响较大，同时也受到世界原油与油品价格和国际粮食市场价格变动的一定影响。

从 2000 年起，我国乙醇汽油试点推广到现在，国家对燃料乙醇的扶持政策分四个阶段：

第一阶段（2001~2003 年）：对燃料乙醇生产企业采用的是按保本微利原则进行据实补贴，控制利润水平约为 2%~3%，扶持方式是从原料收购和销售环节进行补贴，同时还享受税收返还和减免优惠。

第二阶段（2004~2006 年）：对燃料乙醇生产企业采用的是定额补贴政策，补贴依据是财政部《关于燃料乙醇亏损补贴政策的通知》（财建〔2004—153〕号文）。同时延续了试点期内"燃料乙醇免征 5% 的消费税，增值税实行先征后返"的税收政策，陈化粮补贴政策和燃料乙醇定价机制。

第三阶段（2007~2011 年）：对燃料乙醇生产企业采用的是弹性补贴政策，补贴依据财政部《生物燃料乙醇弹性补贴财政财务管理办法》。该政策实施与国际油价、粮价以及标准生产成本相挂钩的弹性补贴机制，继续享受税收返还和减免优惠。

第四阶段（2012~2015 年）：是一个去燃料乙醇扶持政策的过程，燃料乙醇补贴逐年降低，直至取消。对税收的返还和减免优惠也将逐步取消，增值税退还比例从 100% 逐年降低 20%，直至取消；消费税逐年恢复征收至 5%。

前一阶段国际油价暴跌，拖累了国内成品油和与成品油出厂挂钩的燃料乙醇价格暴挫。同时与 2010 年相比，粮食原料价格上涨数百元/吨，导致成本增加上千元，逐步恢复消费税、取消增值税退税使纳税成本增加 300 元/吨。严峻的外部经营环境使国内燃料乙醇生产企业在目前的市场及行业政策环境下，整体处于严重亏损经营的窘迫困境。近几年，单位粮食燃料乙醇销售亏损额严重时高达2000元/吨左右。国内粮食价格仍保持平稳上升趋势，依据财政部财建(2014—91)号文件，燃料乙醇补贴标准持续下调，这些都促使燃料乙醇产业的亏损持续加大，整个行业面临着巨大的生存风险。具体分析是：

燃料乙醇的成本80%左右来自于原料粮，约3.3吨粮食生产1吨乙醇，国家为了保护农民的种粮积极性，托市收购粮食。从2008年以来，玉米价格从1700元/吨上涨到2350元/吨，粮食价格基本处在上涨通道区间，燃料乙醇原料成本相应由5610元/吨上涨到7755元/吨。同期原油价格却处在下降的通道，原油价格从最高147美元/桶下降到67美元/桶再到最低的20美元/桶。国家规定燃料乙醇定价是按照93号汽油的出厂价乘以0.9111，折算得到的定价，这样，工厂连原料成本都保不了。

国际上，对于发展以玉米为主的乙醇燃料的发展潜力和可持续性一直是有一定争论的，本书已在前面有所提及，因此我们必须研究和制定出一条符合国情又可持续发展的发展燃料乙醇汽油的方案和道路。有观点认为：如果大量生产生物燃料后就加大对农作物的需求。本世纪初，全世界生物燃料生产消耗了近1亿吨谷物，其中用于生产生物燃料的玉米约9500万吨，占世界玉米消费总量的12%，美国2007年25%的玉米产量用于生产燃料乙醇，是导致玉米价格急剧上升的重要原因(联合国粮农组织报告，2008-02-13)，进而带动饲料价格上升，造成猪肉等食品和消费品价格上涨，这对于美国等西方以食草的牛羊肉为主国家影响相对小一些，而对我国以饲料为主猪肉市场影响特别大。经过一段时间的实践摸索以后，国际上普遍认为发展以玉米为主的燃料乙醇其发展潜力和可持续性将受到一定的制约，也就是必须"适度"发展，联合国有关机构甚至提出了"玉米汽油将会和穷人争口粮"的观点。认为用1公顷土地生产的谷物可以养活10个穷人，而如果生产汽油只能养活1个穷人，这个观点值得引起我们高度注意。尤其是如果我们通过大量进口玉米(主要从美国进口玉米)来生产燃料乙醇的话，则存在前面已经提到的很高的贸易风险。为此我们必须研究和制定出一条符合国情又可持续发展的适度发展乙醇汽油的方案和道路。

### 4.2.4.3　对我国炼油、石油化工产业的影响

发展燃料乙醇/乙醇汽油产业对我国炼油产业存在的影响可分为直接影响和间接影响两部分。

(1) 直接影响

乙醇汽油标准GB 18351—2017是一个强制性标准，要求乙醇汽油中除乙醇外的其他含氧化合物不得超过0.5%，且不得人为添加。因此当乙醇汽油全部覆

盖/代替常规汽油以后,这意味着 MTBE 和醚化轻汽油等将不能作为汽油高辛烷值调合组分在乙醇汽油中使用。炼油厂的 MTBE 将可能部分或全部被取代,MTBE 装置将面临停产或转产,本书前面有关部分已提到有关解决技术方案,其中一个主要解决方案是开发间接法烷基化技术(见 3.1.6 间接烷基化技术)。

相对于今后国Ⅵ汽油,车用乙醇汽油调合组分油与车用汽油的指标相近,除诱导期、氧含量、蒸气压和苯含量的指标控制较严外,其余指标稍微放宽。根据研究结果,汽油中添加 10% 乙醇后,其 RON 可提高 2 个单位左右,所以炼厂在乙醇汽油调合组分油中对辛烷值可以有 1.5~2 个单位的下调。国内某炼厂生产的成品汽油满足国Ⅵ汽油标准,也满足 E10 乙醇汽油国Ⅵ标准(对比见表 60),其中苯含量和蒸气压指标稍卡边,加入烷基化油后可以满足指标要求。国际上,在美国和巴西乙醇汽油和生物柴油的销售都是通过混配中心按比例混配后再进入各加油站,营销渠道规范。

表 60　车用乙醇汽油调合组分油标准对标分析

| 指　　标 | 车用乙醇汽油调合组分油 | 生产 E10 调合组分油(S Zorb 精制油) | |
| --- | --- | --- | --- |
| | | 平均值 | 范围 |
| 氧含量 | 不得添加含氧化合物,有机含氧化合物不超过 0.5% | <0.1 | |
| 辛烷值 | 87/90(89#/92#) 93.5(95#) | 91.4(91~92) | 91~92 |
| 烯烃体积含量/% | 19(ⅥA)/16(ⅥB) | 14.1 | 12.5~15.0 |
| 芳烃体积含量/% | 38 | 21.5 | 19.3~22.9 |
| 苯体积含量/% | 0.8 | 0.78 | 0.71~0.83 |
| 蒸气压/kPa 11.1~4.30 5.1~10.31 | 40~78 35~58 | 56.2 | 53~61.1 |
| $T_{50}$/℃ | 113 | 91.8 | 88.7~95.9 |
| 密度/(kg/m$^3$) | 720~772 | 733.8 | 732~737 |
| 诱导期/min | 520 | >800 | |

(2)间接影响

今后发展燃料乙醇/乙醇汽油产业,我国炼油工业是否要进入这个领域,对大型国有石化企业而言需要慎重考虑这个问题,因为有可能影响到企业核心业务的发展。一般炼厂是否发展燃料乙醇的生产,或者采取其他方式(如合资、联营等方式)发展主要取决于当地原料资源情况和国家政策。目前少数中西部炼厂已经有发展燃料乙醇生产的考虑,如四川发展以红薯、木薯等非玉米燃料乙醇等,民营企业发展燃料乙醇/乙醇汽油产业的可能性比较大。当然,如果炼厂发展燃料乙醇生产有一个很大的优势,就是炼厂有较多的低品位热能和公用工程能力可供生产燃料乙醇使用,从而降低了乙醇能耗和生产成本,提高了乙醇成本竞争力。目前,燃料乙醇生产的主要技术经济指标见表 61,其中煤耗大部分用于产生低压蒸汽。

**表 61　酒精行业国家级主要技术经济指标(以薯干为原料)**

| 项　目 | 国家 1 级企业 | 国家 2 级企业 | 国家 3 级企业 |
|---|---|---|---|
| 淀粉出酒率/% | 57 | 56 | 51 |
| 水耗/(t/t) | 90 | 100 | 120 |
| 煤耗[①]/(kg 标煤/t) | 600 | 700 | 800 |
| 电耗[①]/(kWh/t) | 190 | 220 | 235 |

① 长春、新疆以北加 20%。

前已指出,我国发展燃料乙醇/乙醇汽油产业的资源条件不如美国和巴西,2017《方案》能否最终顺利实施,关键是纤维素制乙醇核心技术的突破及其产业化,即从生物质中提取第二代生物燃料(BTL)。如果第二代生物燃料(BTL)经济上能过关,就不仅为乙醇汽油产业的发展打开了局面,也为乙醇化工的发展带来了机遇。用乙醇生产乙烯技术也早已成熟,只是因为以前石化产品价格较为低廉,用乙醇脱水制乙烯等化工产品不具备经济竞争优势,而如果经济形势发生变化,乙醇化工的优势也渐趋显现的话,用乙醇生产乙烯为例,1 吨乙醇可以生产0.56 吨乙烯,目前用粮食生产的乙醇合成乙烯生产成本为 7100 元/吨左右,国际乙烯价格为 1000 美元/吨,国内市场价格为 8000~10000 元/吨,乙醇制乙烯毛利率在 20%左右,当随着油价的上涨及纤维素制乙醇关键技术有了突破以后,乙醇制乙烯的成本优势将进一步凸显,也就是纤维素乙醇脱水制乙烯路线有可能实施并代替或部分代替石化路线(2017 年中国乙烯产量达到了 1822 万吨,较前一年上涨 2.4%,为过去 5 年的最大值,产量居世界第二位),环境影响远小于煤制乙醇路线,是一条可再生、可持续发展的绿色发展道路——纤维素乙烯路线。前提是难度极大的纤维素制乙醇核心技术要有突破及产业化,可见纤维素制乙醇核心技术的突破具有"一石二鸟"的重要作用。

# 5 清洁燃料可持续发展的重要发展方向

## 5.1 开发推广新一代清洁油品和车辆排放标准的升级换代

新一代国Ⅵ清洁油品标准国家于 2019 年年初在全国范围内公布执行，实际上我国中国石化、中国石油等大石油公司下属企业及销售系统以及不少省份已提前于 2018 年下半年开始执行国Ⅵ标准，情况反映良好。根据华北 5 省市提前执行国Ⅵ标准后的介绍，国Ⅵ清洁油品具有"清洁环保、动力强劲、积炭更少、使用安全"等特点。使用国Ⅵ标准成品油后，汽油车尾气颗粒物排放量平均可降低 10%，氮氧化物和有机废气排放量可下降 8% ~ 12%；柴油车氮氧化物可降低 4.6%，颗粒物下降 9.1%。对于消费者关心的价格问题，有关销售企业明确表示国Ⅵ油品"升级不涨价"，受到广大消费者的欢迎。

近年来我国油品质量升级换代速度越来越快，一个主要原因是通过自主创新我国炼油工业不断开发出许多成熟有效的并且具有自主知识产权的成套核心技术，从而带动了整个国家炼油技术水平的快速提升，本书前面有关章节对此已做了重点讨论( 如 3.1.2MIP 催化工艺是我国生产国Ⅴ/Ⅵ清洁汽油主流催化裂化工艺；3.1.6 汽油 S Zorb 吸附脱硫技术；3.2.3 混合原料中压柴油加氢精制及 LCO 比例的合理控制；3.2.4 中、深度柴油加氢脱硫、脱芳技术、加氢改质技术——MCI 技术、RICH 技术、MHUG/MHUG-Ⅱ技术等；以及三种利用 LCO 为原料生产高辛烷值汽油/BTX 的 RLG 技术、FD2G 技术和 LTAG 技术等)。因此，从国Ⅳ油品标准升级到国Ⅴ、国Ⅵ油品标准时，中国石化和中国石油等有关企业、单位虽然也投入了较多的人力、物力和财力，但总体而言还是比较顺利的，更没有受到多少外部因素的干扰和影响，这得益于我国炼油技术水平的提高和成套技术高度国产化。实际上我国有一些大型炼油厂的汽柴油产品在近几年出厂质量数据早已经达到比国Ⅴ标准还要优秀的水平，生产国Ⅵ标准汽柴油已经是迟早要办、顺理成章的事。如汽油硫含量出厂质量数据已远小于标准规定的 10mg/kg，仅仅在 1~2mg/kg内，汽油烯烃含量已小于国ⅥB 标准规定的 ≯15%( 体积分数)指标，实际达到 6%~10% 之间。柴油硫含量小于规定的 10mg/kg，仅仅在 3.8 ~ 5.1mg/kg 内，柴油多环芳烃含量已小于国Ⅵ标准规定的≯7%(质量分数)指标,实际达到1.6%~2.6%之间,已经符合美国柴油 LEV Ⅱ标准的规定。表62、表63是我国华东地区两个千万吨级炼厂近年来出厂汽柴油平均质量统计。由表可见,我国一些国有企业汽柴油质量一直有保持高质量水平的历史传统,炼厂汽柴油实际出厂质量比国家标准高出较多。这也表明,2018年6月国务院常务会议决定,从2019年1月1日起全国全面供应符合国Ⅵ标准的汽柴油的决定是十分合理的和可行的,也为今后提升车辆排放标准和淘汰老旧车辆的工作创造了一个坚实的基础。同时也说明我国汽柴油等油品是具备了可以制定更为高端的产品标准,如考虑提前执行或在部分地区提前执行国ⅥB清洁汽油标准质量。

**表 62　2017 年我国大型炼厂车用汽油(国Ⅴ)出厂平均质量**

| 项　　目 | G 炼厂 | | | S 炼厂 | | |
|---|---|---|---|---|---|---|
| | 92# | 95# | 98# | 92# | 95# | 98# |
| 密度(20℃)/(kg/m³) | 749.4 | 757.7 | 743.5 | 748.7 | 755.2 | 761.3 |
| RON | 92.41 | 95.68 | 98.35 | 92.58 | 95.67 | 99.06 |
| 抗爆指数 | 87.46 | 90.18 | 93.34 | 87.52 | 90.26 | 93.24 |
| 蒸气压/kPa | 55.34/57.7 | 52.8/56.1 | 48.9/51.3 | 55.02 | 53.7 | 47.8 |
| 烯烃体积含量/% | 8.2 | 7.7 | 4.2 | 9.87 | 8.2 | 5.92 |
| 芳烃体积含量/% | 36.2 | 38.3 | 25.8 | 35.16 | 36.12 | 37.27 |
| 苯体积含量/% | 0.59 | 0.59 | 0.36 | 0.66 | 0.59 | 0.34 |
| 硫含量/(mg/kg) | 3.86 | 3.94 | 3.77 | 1.37 | 1.24 | 1.31 |
| 氧含量/% | 0.51 | 1.78 | 2.34 | 0.353 | 1.76 | 2.53 |

**表 63　2016/2017 年我国大型炼厂车用柴油(国Ⅴ)出厂平均质量**

| 项　　目 | 2016 年 | | 2017 年 | |
|---|---|---|---|---|
| | S 炼厂 | G 炼厂 | S 炼厂 | G 炼厂 |
| 密度(20℃)/(kg/m³) | 827.8 | 834.9 | 823.9 | 837.8 |
| 色度/号 | 1.5 | | 1.3 | |
| 硫含量/(mg/kg) | 3.8 | 3.57 | 5.11 | 4.2 |
| 酸度/(mgKOH/100mL) | 4.65 | 4.1 | 4.05 | 4.2 |
| 闪点/℃ | 70.95 | 73.4 | 65.96 | 73.4 |
| 十六烷值 | 52.18 | 52.9 | 52.28 | 52.7 |
| 十六烷指数 | 54.1 | 52.8 | 54.8 | 52 |
| 95%(v)回收温度/℃ | 351.7 | 345 | 348.11 | 346.6 |
| 磨痕直径(60℃)/μm | 392.5 | 402 | 397.4 | 393.5 |
| 多环芳烃/% | 2.6 | 1.6 | 2.03 | 2.2 |

这里值得提到的一个具有全局性国家质量管理体制方面的问题，就是西方发达国家油品标准的国家管理是以充分调动公司、企业积极性为目的，允许大石油公司制定自己的企业标准和名牌产品，这些公司企业标准应以国家强制性标准为底线，在核心指标方面只能超过不能降低，这也是大石油公司提高产品市场竞争力的一个主要手段，看来我国油品市场目前也基本具备了这个条件，建议国家有关部门在进一步调查研究及条件具备后（包括生产运输、销售系统等整个系统）可以逐步推广实行这一做法。这种产品质量国家管理模式如果得到油品市场认可的话，今后我国汽柴油市场将会消除只有一个规格标准而没有公司产品名牌的局面，期待着中国石化、中国石油等大公司也将有自己公司品牌（如英荷壳牌等），汽柴油质量还可以在竞争中得到进一步提升。

要充分全面地发挥出油品质量升级换代以后对环境的好影响，严格的车辆排放标准和管理措施必须同步跟上来，核心就是一定要实现"好油要用在好车上"的要求，否则虽然在油品质量升级以后，车辆尾气排放能得到一定的改善，但总体效果还是受到很大的影响的。环境保护部的《中国机动车环境管理年报（2017）》称，2016 年，按排放标准分类，我国国Ⅱ及以下汽车保有量虽只有汽车保有总量的 12.8%，但其 CO、HC、$NO_x$、PM 排放占比，却分别达到汽车排放总量的 60.7%、60.6%、43.6% 和 67.1%，占比都在 6 成以上，这一组数据非常确切地说明问题。2016 年国内汽车保有量达 1.94 亿辆，据此可得到当年国Ⅱ及以下汽车保有量应为 2483 万辆左右，同时 2016 年全国已全面执行国Ⅳ油品标准，从当时来讲，这已经是一个比较先进的油品标准，但就是只占到 12.8% 比例的老旧车辆却排放了一半以上的尾气污染物。说明车况的好坏将极大影响到使用优质清洁油品所带来的正面环境效果。更证明了油品质量升级应该和车辆排放标准升级以及淘汰黄标车和老旧车等措施同步、协调进行的重要性和必要性，不能让后者拖累了整个大气治理的效果。

国家为了推动汽车行业发展和保护环境制定了更高要求的汽车国家排放标准，从国Ⅰ到现在实行的国Ⅴ，甚至为了限制燃油车上牌，北上广等城市都相继推出限牌、限行等一系列措施，然而依旧无法在短时间内见效。号称最严格排放标准的国Ⅵ已应运而生（主要指 2016 年 12 月 23 日，环保部发布的轻型车排放"国Ⅵ标准"），它的到来也是从国家政策层面强制要求汽车厂商进行技术升级以生产出满足新排放标准的汽车，寄希望在大气污染物本源——机动车上能够将污染扼杀于萌芽中。而相比于现行的国Ⅴ标准，国Ⅵ在各个细分标准上更加严苛，个别排放数值要求是国Ⅴ标准的二分之一甚至更少，与全球领先的欧洲排放标准部分不相上下，甚至超越。

从国Ⅵ排放标准的制定与发布，可以看出我们国家对于大气污染物的重要源头——机动车是下了"狠手"，由于油品质量已经得到快速提升，现在出台更加严格的排放标准是一件好事。对于汽车厂商来说，刚刚实现两年左右的国Ⅴ标准即将失效，国Ⅵ标准已经实行，而他们生产的车辆必须在国Ⅵ标准实行之日全部达到标准，所以在新车尾气排放、发动机技术等方方面面需要加大投入，而这些投入的直接反应就是增加了新车的制造成本，表现归结到汽车价格的提升上，而最后为其买单的就是消费者。对于一些需要购车的消费者来说，国Ⅵ标准一发布，谁还去买国Ⅴ甚至国Ⅳ的二手车？而且随着国Ⅵ排放标准的发布与实施，国Ⅲ、国Ⅳ车辆的限制也会越来越多，例如落户、进城、禁行等等，这些都无形中拉低了这些车的保值率，所以随着国Ⅵ排放标准的发布，宏观方面该标准在对大气环境做出了重大的贡献前提下，在微观方面不仅是汽车厂商，广大的车主和车辆使用者必须为此承担更多相应的义务，这是非常明显的。

## 5.2　清洁柴油轿车开发

前已指出，相对于清洁汽油和清洁汽油车而言，我国在清洁柴油的生产和柴油质量升级换代速度等方面是比较滞后的，受其一定影响清洁柴油车技术生产更为落后。柴油轿车在欧洲市场的占有率还是比较高的，保守估计已达到40%~50%以上，德国更高一些，可达到50%以上。全欧洲每销售的两辆轿车中就会有一辆是柴油车。欧洲知名的品牌，如奔驰、宝马都有自己的柴油轿车，产量也逐年增加。作者2018年8月赴欧洲旅游，发现仍有大量柴油轿车在马路上行驶，欧洲柴油轿车尾部有的有"D(Diesel)"标志，很容易识别。图16是在瑞典首都斯德哥尔摩近郊一停车场内一辆大众柴油轿车(大众夏朗 SHARAN 2.0TDI，国内已有进口)和宝马柴油轿车(BMW XDRIVE 320D)，随机数了一排停放的11辆车中有7辆是柴油车，其中宝马3辆，大众2辆，沃尔沃2辆，柴油车比例达64%，当然这个比例可能仅仅是一个属于模糊数学的估计值概念而已。总之，在欧洲，柴油轿车仍然占有一半左右市场，主要是因为柴油轿车的油耗低，柴油油价低，经济性好，尤其是对于一些汽车使用率较高的用户而言，选择购买柴油轿车(包括面包车)的经济性更好一些，而对于日常使用汽车频率属于一般或较少的用户而言则就可能选择购买汽油轿车。

最初世界上很多国家不大力发展柴油车的原因之一是它所产生的尾气中存在可吸入颗粒物(PM2.5)以及氮氧化物($NO_x$)含量高的问题，在这一点上我国和日本以及美国等国情况类似，汽车排放法规主要一直是控制有害物质排放为优先。如今日本和美国已经放开了柴油车市场，因为这些车的排放已经能够达到政府的法规要求。有很多人非常强调轻型柴油车所产生的可吸入颗粒物(PM2.5)过高方

图 16　大众柴油轿车(大众夏朗 SHARAN 2.0TDI)和宝马柴油轿车
(BMW XDRIVE 320D)

面的问题，认为这就是乘用柴油车市场不应过度放开的主要原因。柴油车所产生的可吸入颗粒物主要和柴油中高硫含量和高多环芳烃含量有关，使用先进的减排技术可以将可吸入颗粒物的过滤率控制在 95% 以上。对于提升柴油质量方面的工作，重要的是国家已出台政策 2018 年全面供应国 Ⅴ 标准清洁柴油，同时 2019 年开始即将执行质量水平更高的国 Ⅵ 强制性国家标准，柴油质量可进一步提升到欧盟水平，这将可能极大刺激乘用柴油车市场的发展和增长，尤其是南方等一些大气环境较好的地区和城市。国 Ⅵ 强制性国家柴油标准规定柴油硫含量应小于10mg/kg，这已经是世界最高水平的标准，我国炼厂实际较好的柴油硫含量出厂水平可以达到仅仅在 3.8~5.11mg/kg 内(见表 63)，又如国 Ⅵ 柴油标准规定柴油多环芳烃含量≯7%(质量分数)，已略低于欧盟最新的车用柴油标准(EN 590：2013)≯8%(质量分数)的规定，有的炼厂实际柴油多环芳烃出厂较好的水平可达到 2%~2.6% 之间(见表 63)，可见今后还存在在新一代国 Ⅶ 标准中该项指标有进一步下降的可能(可参考附表 14)。从我国炼油企业 2017 年下半年试产国 Ⅵ 标准的柴油情况看，目前我国炼厂所掌握的加氢技术及其配方是完全可以满足国 Ⅵ 标准要求的，并且已经于 2017 年 9 月首先较顺利地为北京、天津、河北等 6 省市的"2+26"城市全部供应符合国 Ⅵ 标准的清洁柴油。

　　总之，从目前我国炼油工业提供的柴油质量水平已经全面达到、赶上西方燃油标准的背景下，国产柴油完全可以满足清洁柴油车使用的质量要求，同时柴油市场供应情况良好，这是当前我国逐步发展清洁柴油车的大好机遇。这种机遇同样也适合于目前国家大力推广的油电混合动力新能源汽车上的应用推广。通常所说的油电混合动力一般是指燃料(汽油、柴油)和电能的混合使用。柴油机拥有更高的热效率，应当可以在油、电混合动力车上发挥更大的作用，就是一种开发柴油-电混合动力车的新思路。

## 5.2.1 清洁柴油轿车开发案例分析

相对于汽油车而言，柴油车整体性能更好一点，因为柴油发动机热效率和经济性较好，它采用压缩空气的办法来提高空气温度，使空气温度超过柴油的自燃燃点，这时再喷入柴油，柴油喷雾和空气混合的同时自己点火燃烧。因此，柴油发动机无须点火系统。同时，柴油机的供油系统也相对简单，因此柴油发动机的可靠性要比汽油发动机的好。在相同功率的情况下，柴油机的扭矩大，最大功率时的转速低。随着近年来柴油机技术的进步，特别是小型高速柴油发动机的新发展，一批先进的技术得以在小型柴油发动机上应用，使原来柴油发动机存在的缺点得到了较好的解决，而柴油机在节能与 $CO_2$ 排放方面的优势，则是包括汽油机在内的所有热力发动机无法取代的。因此，先进的小型高速柴油发动机，在前几年其排放已经达到欧洲Ⅲ号的标准，成为"绿色发动机"，目前已经成为欧美许多新轿车的基础动力装置。

### 5.2.1.1 国产柴油机制造技术水平的提升

2002 年一汽大众推出捷达 SDI 柴油轿车以后开创了我国生产柴油轿车的历史。截至 2013 年 4 月底，我国通过国Ⅳ环保型式核准的轻型柴油车车型共有1315 个，涉及 40 家整车企业。主要采用高压共轨和 EGR+DOC 技术( 约 89%)，部分企业采用高压共轨和 EGR+DOC+POC/DOC 技术( 约 10%)，也有少量采用电控分配泵和 EGR+DOC 技术，具备了发展轻型柴油发动机轿车的技术条件。目前国内柴油车只有一汽大众在量产。例如捷达 GDX/CDX，宝来 1.9TDI 和开迪2.0SDI、奥迪老款 A6 TDI、奥迪新 A6 2.7 TDI，旧款的为 2.5TDI，除此之外还有 SUV、长城哈弗 H6、江淮瑞鹰、华泰 b11 等都有柴油版车生产。我国进口柴油车多为 20 万~40 万元/辆的小型越野车，供中西部使用。

一汽大众推出宝来 TDI 采用的是高技术含量的涡轮增压直接喷射( TDI-Turbo Direct Injection) 发动机，与汽油机比较，宝来 TDI 具有明显的优势：

(1) 动力强劲

柴油机的低速扭矩比较大，有利于低速加速。一汽推出的这款 TDI 柴油轿车的额定功率是 74kW，0~100km/h 加速时间为 12.1s，最高时速可达 188km/h。无论家用还是商用，这个动力应该足够了。

(2) 经济性好

油耗低、油价低、寿命长是柴油轿车最明显的优点。尽管柴油机的初置费用相对较高( 宝来 TDI 比同类 1.6 升宝来贵 1.5 万元)，但其燃油经济性比汽油机高30% 左右。因此，经过一定里程的使用后，柴油机轿车加初置费在内的成本费用就明显低于汽油机轿车。宝来这款柴油车 90km/h 等速油耗是 5.5L、120km/h 等速油耗是 6.5L，同为手动挡的宝来 1.8T90km/h 和 120km/h 的油耗分别为 6.3L和 8.7L。

另外，由于柴油机没有点火系统，减少了故障发生概率，因而比汽油机更具可靠性，其平均使用寿命是汽油机的 1.5 倍。

（3）排放低

柴油机尾气 $CO_2$ 排放比汽油机低 20%，HC 和 CO 排放约是汽油机的 10%~17%，只是颗粒和 $NO_x$ 比有后置处理的汽油机差。而现代柴油机通过废气再循环和排气后处理，可以明显改善颗粒和 $NO_x$ 排放。这次推出的宝来 TDI 已经达到了欧Ⅲ排放标准，其各项环保指标均优于汽油车。（当今欧洲柴油车已进入Ⅵ标准，我国于 2016 年 12 月 23 日由环保部发布轻型车排放为"国Ⅵ标准"，本次轻型车国Ⅵ标准采用分步实施的方式，设置国ⅥA 和国ⅥB 两个排放限值方案，分别于2020 年和 2023 年实施。对大气环境管理有特殊需求的重点区域可提前实施国Ⅵ排放限值）。

（4）噪声、舒适性表现良好

直喷式燃烧室通过电子控制喷油正时和废气再循环等手段可大大降低噪声，乘坐舒适性完全可以和现代汽油机相媲美。宝来系列汽油车型的噪声从小到大依次为 1.8T，1.6，1.8。TDI 的噪声情况与 1.8 相当，急速时声音略大，高速时则以轮胎噪声和风噪为主，发动机的声音差别不大。

现代柴油机使用一系列先进技术，主要有：

（1）共轨柴油喷射系统

共轨柴油喷射系统可将喷射压力的产生和喷射过程彼此完全分开，开辟了降低柴油发动机排放和噪声的新途径。在 1997 年，博世与奔驰公司联合开发了这一系统。欧洲众多品牌的轿车都配有共轨柴油发动机，比如，标致的 HDI 共轨柴油发动机，菲亚特的 JTD 发动机，以及德尔福的 Multec DCR 柴油共轨系统。

（2）增压中冷技术

增压中冷技术可使增压温度下降到 50℃ 以下，有助于减少废气的排放和提高燃油经济性。增压可使柴油机在排量不变、质量不变的情况下达到提高输出功率的目的。增压柴油机不仅体积小、质量轻、功率大，而且还降低了单位功率的成本。

（3）废气再循环（EGR）技术

废气再循环系统是将柴油机产生的废气的一小部分再送回汽缸。再循环废气由于具有惰性将会延缓燃烧过程，燃烧速度将会放慢，燃烧室中的压力形成过程放慢，从而减少氮氧化合物。另外，提高废气再循环率会使总的废气流量减少，因此废气排放中总的污染物输出量将会相对减少。

### 5.2.1.2　德国汽车工业面临的信任危机及其解决方案

世界柴油轿车的市场主要在欧洲地区，欧洲地区几乎所有的车型都有柴油款。欧洲90%的商用车和33%的轿车使用柴油作为动力，德国汽车制造商在柴油车领域更是处于领导地位，柴油发动机曾经是德国汽车工程高超技艺的名片，他们一直宣称柴油发动机相比汽油机的动力更强，而且二氧化碳排放比汽油机还要少20%。

据统计，目前德国约有1500万辆柴油车，约占汽车总量的三分之一。汽车制造业是德国经济的重要行业，创造约80万就业岗位，也是最大的出口行业，占德国出口额约20%。SUV采用柴油为燃料的比例高达80%。德国政府数十年来通过税收优惠政策使得柴油价格更加低廉，以此大力支持柴油发动机。

但成也于此，败也于此。一切都从2015年9月的大众排放门以后开始发生变化。大众汽车通过在柴油机排放测试中作弊蒙骗政府监管人员和消费者多年。美国环境保护署指责大众汽车在大众和奥迪的若干款车型上安装了禁用软件，该软件在启动后可减少特定废气的排放。在尾气检测中造假的结果是，这些汽车排放的废气最高会达到环保上限值的40倍。美国环境保护署调查了大众汽车集团2009年到2015年生产的柴油车，涉嫌违规排放的车辆约48.2万辆，涉及2009年至2015年款的柴油版捷达、甲壳虫和高尔夫，同期的奥迪A3和2014年至2015年款帕萨特。大众汽车在美国陷入柴油车尾气排放检测软件欺诈危机以后，德国汽车制造商的柴油车"排放门"丑闻就不断蔓延和升级，奥迪和戴姆勒也卷入其中。这在德国引发舆论强烈关注，多州颁布柴油车禁令，柴油车的前景问题也成为当时德国大选年的重要话题之一。2017年8月2日，德国相关政府部门、汽车行业协会和各大汽车制造商在柏林举行"柴油车峰会"。会后，各方同意为超过500万辆柴油车进行软件升级，德国汽车企业将为柴油车安装新发动机管理软件，以提高尾气过滤系统效率，从而将氮氧化合物排放量减少25%至30%。软件升级将由各大车企完成，消费者无须承担任何费用。这样也可以避免花费更高昂的硬件升级费用和实施城市柴油车禁令。

问题发生以后，德国在2017年6月份的柴油车销量同比下降127%，柴油车销量市场份额占比为40.5%，而2016年柴油车占德国汽车销量市场份额为46%。德国总理默克尔一直很反对将柴油车妖魔化，认为柴油车的二氧化碳排放较少，更有利于环境保护。同时应该杜绝作弊行为和寻求其他的解决方案。

戴姆勒、宝马、大众集团和欧宝等大汽车公司已经同意这种升级方案。对现有欧V和欧Ⅵ标准车型的升级将采用软件补丁的方式，而不是对发动机部件进行维修，因为后者更昂贵。软件升级平均能够减少25%~30%的诱发烟雾的氮氧化物的排放。德国交通部长Alexander Dobrindt表示，汽车制造商还需要自筹资金，鼓励消费者将 10 年以上车龄的旧车换购成为排放更少的新车型。德国交通部长 Dobrindt 以及德国环境部长 Barbara Hendricks 都表示："政府会竭尽所能避免德国城市实行柴油车禁令"。这样做的目的是为了改进柴油车而不是禁止柴油车，因为只要电动汽车的市场份额仍然很小，改进优化柴油机就是最有效的改善交通污染状况的方式。

同时加快禁止使用老旧柴油车辆也是一个重要措施。2018 年 7 月 11 日，德国巴登弗腾堡州政府表示，斯图加特作为德国汽车工业的中心地带，计划从 2019 年 1 月开始禁止老旧柴油车辆(仅符合欧Ⅳ或更过时的排放标准)上路。巴登弗腾堡政府表示，如果到 2019 年年中，斯图加特为改善空气质量所采取的措施并不能使其 $NO_x$ 浓度达到法定限度，那么该禁令将在 2020 年 1 月开始禁止使用欧Ⅴ柴油车。斯图加特地方法院上月要求巴登弗腾堡州针对何时开始禁用欧Ⅴ柴油车制定一项明确的计划。2017 年 2 月份，德国最高行政法院裁定，允许主要城市禁止使用污染严重的柴油车。之后不久，汉堡成为首个禁止在一些繁忙的街道使用不符合最新欧Ⅵ标准柴油车的德国城市，试图对汽车制造商施加压力，要求他们对汽车进行改装。巴登弗腾堡是梅赛德斯奔驰和大众旗下保时捷总部所在地。

从长远分析，德国汽车制造商需要柴油机来争取时间，以便在电动车领域发力追赶特斯拉和日产等公司。他们也需要柴油车来应对日渐严厉的环保法规，需要靠柴油机来驱动他们的大型轿车和不断增加的 SUV 车型，因为目前电动汽车可供选择的车型并不多，消费者购买新车时还是很谨慎。德国汽车工业长久以来对柴油车的依赖也被认为是其向电动汽车转变过慢的原因之一。当然，我国目前柴油轿车使用率极低不存在禁止使用老旧柴油轿车问题，在国内推广过程中可以直接销售国Ⅵ排放标准柴油车。

### 5.2.1.3　汽车工业"禁汽"对炼油工业可能带来的影响

当前，世界汽车工业发展的一个重大方向就是发展电动汽车(包括混合动力、插电式混合动力和纯电动等)，我国也有称之为'新能源汽车'。以欧盟为主等 8 个欧洲国家于 2017 年正式宣布今后将退出世界燃油车市场。2017 年法兰克福车展前夕，世界上众多汽车品牌纷纷宣布"禁汽"，例如捷豹路虎和梅赛德斯-奔驰等汽车品牌就表示分别将于 2020 年以及 2022 年推出所有车型的电动版本车型或者部分混合动力车型。"禁汽"的涵义是指停止生产销售传统能源汽车，包括汽油车及柴油车等，这样做必然要考虑用什么车来代替，一个可能的方案是用电动版本车型或者部分混合动力车型，同时市场销售的汽油、柴油数量将有大幅度下降，包括在我国刚推出的乙醇汽油也将随之受到影响。

分析产生"禁汽"的原因，主要还是因为随着世界各国对汽车排放标准越来越严格，同时随着消费市场对于 SUV 以及大型车辆需求的增加，越来越多的汽车品牌因为无法达到其排放标准而陷入两难的境地。所以，解决方案之一是加速其在新能源汽车领域的研发工作，从而规避因不符合排放标准所带来的风险。汽车品牌公司率先意识到这一点，同样，多个欧洲大国也相继宣布了淘汰汽油车之事宜。其宣布"禁汽"的时间表大致如下，禁汽时间最早于2025年，离开今年也只有7~8年时间。据说，我国工信部也已启动了相关工作，研究制订停止生产销售传统能源汽车的时间表。

| 地区/国别 | 禁汽时间 |
| --- | --- |
| 欧盟全境 | 2050 |
| 瑞典 | 2050 |
| 法国 | 2040 |
| 英国 | 2040 |
| 德国 | 2030 |
| 比利时 | 2030 |
| 瑞士 | 2030 |
| 美国加州 | 2030 |
| 荷兰 | 2025 |
| 挪威 | 2025 |

综上所述，"禁汽"行动有几个特点：

（1）已经宣布"禁汽"时间的国家主要在欧洲。其中法国最积极，2017年7月，法国宣布了一系列措施，目标是到2050年前使法国成为碳零排放国家，一个具体措施是到2040年前全面禁止销售汽油和柴油汽车。德国最权威，德国联邦参议院以多票通过决议，自2030年起新车只能为零排放汽车，禁止销售汽油和柴油车。荷兰、挪威宣布"禁汽"时间最早，为2025年，离开今年不到8年时间。作为世界上人口最多国家之一、非欧洲国家印度表示，到2030年只卖电动汽车，全面停止汽油车的销售。表明"禁汽"行动的地域性特点非常突出，对于一些大国，除印度外如美国、俄罗斯和中国等没有一个国家正式宣布"禁汽"时间表。

全面发展电动汽车需要新建一系列庞大而又可靠的充电系统。同时如果不再使用传统能源汽车包括汽油车及柴油车等以后，炼油企业生产的以汽油、柴油为主的燃料结构将产生根本性变化，大量的汽柴油将从市场上逐步消失，炼油工业必将进行重组，石油需求将大幅降低，最多将下降55%，因为电动汽车的发展将减少交通运输业对石油的依赖。据BP能源统计显示，近5年，全世界交通运输业消费汽、柴油占石油消费总量的55%，也就是说，一旦燃油车完全被电动汽车取代，全球石油消费需求将下降一半以上，对世界影响极大。

（2）以美国、日本、加拿大等为首的汽车生产大国以及一大批发展中国家至今没有对"禁汽"时间表态。从能源结构角度分析，今后石油制品使用量将肯定有大幅度减少，正常的话这是一个潜进的、逐步减少并将在远期发生的过程，相对于新能源包括"新能源汽车"的开发使用也是一个逐步发展的过程，期间还可能走一些弯路。因此以欧盟为主等8个欧洲国家正式宣布今后将退出世界燃油车市场行动的可行性和现实性如何人们将拭目以待，这里涉及一系列系统工程方面的问题，如果没有事先进行深入调查研究似乎没有必要忙去跟风。

谈到国内有关燃油车禁售的问题，首先要解决好目前国内汽车行业存在的诸多问题，例如行业的散、小、乱；创新能力滞后；节能减排以及战略转型难等问题，这些问题都是制约国内汽车行业以及新能源行业发展的重要问题。如果这些问题解决不好，不仅使国内汽车行业与世界同步发展的想法落空，还容易造成越来越受制于人的发展困境。而这些是推出国内燃油车禁售的先决条件。

新能源开发有一个发展过程，需要大量的科研投入和重大科技理论方面的突破，有成功的案例，也有不成功案例。美国对于"新能源汽车"很早以前就非常重视，如氢能利用的研究和"氢经济"概念的推出。美国总统布什在2003年国情咨文中宣布将在5年内投入15亿美元来加快包括氢燃料电池在内的氢能利用的研究。一个核心内容就是燃料电池及氢能汽车的开发。燃料电池的开发包括：质子交换膜燃料电池（PEMFC），固体氧化物燃料电池（SOFC），熔融碳酸盐燃料电池（MCFC），碱性燃料电池（Alkaline FC），磷酸燃料电池（PAFC），直接型甲醇燃料电池（DMFC），车用燃料电池（Fuel cell vehicals）和其他等。"十五"期间，我国有关研究部门对此也非常重视，氢能研究投资已达20多亿元，自主研发的燃料电池汽车主要技术指标据说已达到国际先进水平。有报道，当时中国的燃料电池轿车，最高时速达122公里，续驶里程220公里，百公里氢燃料消耗约合4.3升汽油；燃料电池客车最高时速86公里，百公里氢燃料消耗约合12.4升柴油，仅为同类传统柴油车油耗的2/3，但至今没有实现产业化。

美国奥巴马政府上台后宣布对氢能政策进行调整。

2009年5月美国宣布大幅度削减用于燃料电池车辆研究的联邦预算，取消了布什总统2003年国情咨文中的12亿美元的氢能汽车项目提议，并将投资于燃料电池和氢能技术的1.69亿美元的年度预算削减60%，仅保留6820万美元。这种政府政策的导向作用是不可忽视的（http//www. leftlanenews. com/president-Obama-axes-hydrogen-full-cell-funding. html. ）。

当时美国能源部长朱棣文讲："我们打算放弃车用燃料电池。我们曾经自问，在下一个10年，或者15年，甚至20年内，我们是否有可能转变为氢能汽车经济？答案是否定的"[53]。

燃料电池没有实现商业化的原因主要有下列各点：

（1）成本过高，氢燃料电池使用的铂电极不仅阻碍了成本的降低，而且也限制了燃料电池大规模使用(铂产量和储量均有限)。

（2）氢的供应，包括氢制备和高效储存。

（3）建立氢能利用的基础设施(包括加氢站)需要大量投资。

（4）氢能利用相关法规有待建立和完善。

（5）电解质膜的耐久性有待完善。

氢燃料电池至今没有在新能源汽车上成功使用，其产业化走了一段弯路的案例，目前对这个问题是有争论的。应该是美国目前没有急于在宣布"禁汽"时间表上表态的一个重要原因，实际也是表明了美国对电动汽车未来发展前景的评估正在进行中，还没有得到一个明确的结论。2018年7月10日，美国特斯拉汽车公司与上海市政府签署了协议，开始在全球建造第二家超级工厂。特斯拉公司将在上海临港地区独资建设集研发、制造、销售等功能于一体的特斯拉超级工厂，特斯拉上海工厂建设耗资在20亿美元左右，计划通过当地银行贷款帮助工厂建设，而非在中国引入外部投资者。该公司CEO埃隆·马斯克表示，"对于中国工厂，我认为我们的默认计划基本上是利用中国当地银行贷款，利用当地债务帮助它的建设"。这家工厂还需要两到三年的时间才能达到预期的年产能50万辆的目标，预计全面开始生产可能需要五年时间，主要将能满足特斯拉中国市场(新浪汽车综合，2018-08-03)。另外，已经宣布特斯拉(北京)科技创新中心将设立在北京，主要包括电动汽车及零备件、电池、储能设备及信息技术的研究、开发等。北京是特斯拉进入中国的首站和总部，也是特斯拉在华最大的市场之一。美国特斯拉汽车公司在中国投资没有受到美国政府的干预，是和当前美国特朗普政府所执行的"美国第一"不出口高科技技术政策相左的。据外媒报道再下一个特斯拉超级工厂选址，也不在美国，可能在欧洲，最可能是在德国，这种反常情况值得我们注意和深思，对于科学问题方面的争论应该坚持"实践是检验真理的唯一标准"。

实际上，包括美国在内，目前电动汽车增速是不及燃油汽车增速的(中国石化报，2018-06-08)。美国能源信息署(EIA)日前称，2012～2017年，电动汽车(包括混合动力、插电式混合动力和纯电动)在美国的新车销量中占比一直很低，并呈总体下降趋势。且电动汽车的单车年度行驶里程也不及传统燃油汽车。2012～2017年，美国电动汽车的可选车型从58个增加到95个，电动汽车在新车销量中的占比一直保持在2.5%～4%，且该比例自2014年开始连续3年下降，2017年才有所回升。目前，混合动力汽车仍是美国电动汽车的主力，但在新车销量中占比持续下降，已从2012年的3%降至1.9%；插电式混合动力和纯电动汽车的销量占比则在增加，从 2012 年的 0.1%增至 0.5%和 0.6%。

根据美国交通部的数据，在美国拥有插电式混合动力和纯电动汽车的家庭中，平均每个家庭有 2.7 辆汽车，而拥有传统燃油汽车的家庭平均拥有 2.1 辆。纯电动汽车和插电式混合动力汽车的平均单车年度行驶里程比传统燃油汽车少 12%。

EIA 认为，有三方面因素影响了美国电动汽车的销售和使用：一是近年来相对较低的汽油价格和传统燃油汽车能效的提高导致电动汽车不再具备明显的使用成本优势；二是虽然联邦政府和州政府给予了一定的补贴，但电动汽车的购车成本仍比传统燃油汽车高；三是很多地区的基础设施仍不完善，影响了电动汽车的大范围使用。这些分析值得我国有关部门参考。

为推动电动汽车产业健康发展，我国政府从科研投入、产业发展、市场推广、法规标准等多角度制定相关政策支持，其中补贴政策在电动汽车产业发展前期起到了至关重要的推动作用(中国石化报，2018-08-29)，主要有：

2009 年起，我国对公共领域纯电动汽车、混合动力汽车及燃料电池汽车进行补贴；2010 年补贴开始面向私人购车领域，按照电池容量给予最高 6 万元/辆的补贴；2013 年开始设置补贴门槛；2018 年补贴力度快速减弱，门槛进一步提高。目前，我国对新能源汽车的补贴强度基于续航里程，乘用车最高为 5 万元/车，且存在最低续航和最小电池比能量要求的规定，补贴力度正在逐步减弱。

2017 年，国家《乘用车企业平均燃料消耗量与新能源汽车积分并行管理办法》出台，以积分制代替补贴政策，可有效缓解政府财政补贴压力，更重要的是可激励传统汽车企业加速转型，通过技术产品升级或优化重组，实现从燃油内燃机到电动化的过渡。

从财政补贴转向生产积分意味着当前有关电动汽车产业政策的着力点正逐步从需求侧向供给侧转移。

对于电动汽车今后发展前景。总的来说未来 5 到 10 年仍将呈现快速增长态势，纯电动车发展现在受新能源汽车政策影响，再加上配套体系比较成熟，近几年发展速度较快。预计 2020 年之后，市场化的混动车会快速发展。燃料电池车现在性价比不高，2020 年后将在客车、乘用车领域有所突破。这三者是并行不悖的，但占比最大的或将还是混动车和纯电动车。

未来电动汽车的发展是否会直接影响汽车燃油消费，进而影响石油开采、炼油化工、成品油销售等产业链各环节呢？从上游看，电动汽车会影响石油供需平衡和油价。IMF( International Monetary Fund，国际货币基金组织)在 2018 年 5 月发布的工作报告《驾驭能源转型》中预测，到 2040 年，全球 93%的燃油车将被替代，届时油价会降至 15 美元/桶。石油用途是多元化的，车用燃油只占 40%~

55%，其他需求的增加会在一定程度上弥补车用燃料的萎缩，如作为石化工业原料，但一旦燃油被大规模替代，车用燃油价格走低将是大概率事件。

从中游看，电动汽车的快速发展将导致成品油消费总量萎缩，炼油板块市场竞争将会更加激烈，同时还将影响炼油产品结构。

从下游看，电动汽车今后更倾向于在家庭车库或公共停车场充电。即使在加油站建设充(换)电设施，大部分车也不会到加油站充电。中国石化等大石油公司今后也可按照新的思路来布局充(换)电业务，不能局限于在加油站建充(换)电设施，可以到高速公路服务区、公共停车场等地点开展移动充(换)电业务，用储能电池为电动汽车充电。

未来消费者是选择电动汽车还是燃油车，具有决定意义的是性价比，有观点认为在未来二三十年内电动汽车不会完全替代燃油车。与此同时，传统内燃机制造商不会坐以待毙，今后一定会有剧烈的竞争。未来内燃机的效能将不断提高，排放不断降低。

就全世界整体而言，如果电能依然来源于高污染的火力发电，尤其是燃煤发电的话，使用电动汽车只是解决了大城市部分的环境污染问题，本质上是一种"污染排放转移"，从社会整体来看仍是不洁净的。

目前，对于我国国内车企而言，插电式混合动力系统中两大关键技术——发动机控制和电驱变速箱控制仍是最弱的环节。这里提供一些目前我国国产新能源汽车市场的开发情况。2017年的国产新能源汽车市场获得了69%的增长，相比2015年201%的增速和2016年86%的增速有所回落，但占乘用车整体销量的比例已经从1.2%增长到2.3%。虽然舆论曾一度唱衰新能源汽车市场，认为国家补贴的缺失会立刻让新能源汽车的销量急转直下。但在地方补贴逐渐落实后，整个新能源乘用车的走势还是保持了连续11个月的环比增长，2017年全年销量556393辆。从目前的市场来看，低价位且能够享受新能源政策补贴的新能源车大部分都是自主品牌，而合资进口品牌主要则是在高端市场发力，前者则是真正走量的群体，消费者在选择余地上面临着只能选择自主品牌新能源车的境地。虽然这两年有少量的合资品牌新能源车在销售，也能享受相关政策，但是国家给出的限制比较大，比如说北上广等牌照受限的地区发放的免费牌照合资品牌能够拿到的不多，同时合资品牌也严格按照"一车一桩"的推广模式进行，而很多自主品牌不仅拿到的牌照数量较多，而且很多插电混动并没有完全实现"一车一桩"的模式，也就是说很多自主品牌的插电混动车型在日常使用中和普通燃油车没有太大的区别。这就造成我国插电混动汽车在开发上对于电机的能量回收并没有太大的重视，因为他们知道消费者把车买回去基本上是不会使用到电机驱动部分，而是纯粹使用燃油，这也给我们的技术突破形成了障碍。

综合来看目前我国新能源车市场和生产存在着一定的问题，市场和行业的全球占有率第一的表象主要是基于国家的保护政策和庞大的市场基数得来的，可以说在没有强大的技术支撑条件下，获得这样的成绩的基础是否牢固是有一定问题的，应该引起相关部门重视和改进。罗兰贝格汽车行业中心和亚琛汽车工程技术有限公司联合发布了《2018年全球电动汽车发展指数研究报告》（auto. eastday. com，2018-09-13）。该报告从市场、技术、行业三个方面分析了全球电动汽车发展指数情况，评价对象为全球七个主要汽车大国：中国、美国、日本、韩国、德国、意大利和法国。报告认为。中国凭借着市场和行业中的领先地位，在2018年全球电动汽车发展指数中处于领先地位，但技术方面仍是短板。中国电动汽车行业只有技术水平上去了，中国才能成为当之无愧的电动汽车强国。否则，随着今后中国新能源车保护政策逐渐取消，届时没有政策保护而且技术又落后的自主品牌新能源车能不能继续像今天这样占据主动呢？这个问题值得引起重视。

总之，从德国和美国的实际情况分析以及我国目前柴油轿车比例还很低的前提下（不到1%），大众汽车的柴油车尾气排放检测软件欺诈危机不应该成为在我国推广使用柴油机轿车的障碍，反之应该将其视为宝贵的经验教训加以重视。

## 5.2.2 关于在我国部分地区和行业中逐步推广、使用柴油机轿车和油（柴油）电混合动力轿车的发展方向

### 5.2.2.1 必要性和重要意义

（1）具有重大的节能降耗意义

由于柴油机燃烧热效率远大于汽油机的燃烧热效率，前者可达40%以上，而汽油机的燃烧热效率只有30%左右，也就是如果发动机输出等量的机械能，汽油发动机燃料耗量约是柴油发动机燃料耗量的1.3倍。2015年全国汽油消费需求11200万吨，如按10%比例改为使用柴油，则全年可节约汽油量为336万吨，如按30%比例改为使用柴油，则可节约汽油量为1008万吨，可见其存在巨大节油潜力（实际就是提高能效、节约能耗）和经济效益，也是与其他节能措施产生的效果所无法比拟的。

（2）在一定程度上解决我国近年来出现的消费柴汽比过低及柴油过剩问题

目前国内柴油过剩导致出口增加（可参见本书1.1我国油品消费特点一节）以及某些中西部石化厂被迫将轻柴油改作为乙烯裂解原料等极不合理的做法。据分析，我国柴油消费在2014年达到1.76亿吨的峰值后一直出现零增长或负增长。中国石油经济研究院预测结果是2020年我国成品油消费的柴汽比为1.41，比2015年下降0.72，这表明我国炼油行业存在着以柴油产品为主的油品结构性过

剩问题。柴油过剩今后可能是长期的现象，必须为它寻找合理的出路，进一步加工转化为汽油和芳烃实际为一种权宜之计。根据欧盟的实际经验，民用轿车、旅行车柴油化是扩大柴油消费量，从根本上提高消费柴汽比的有效解决方案。

（3）具有很好的经济效益

与汽油车相比，柴油发动机具有低油耗、低二氧化碳排放、高扭矩和加速性能强等优点。而其高达30%的省油功效，再加上汽油和柴油有相当的价差，使得柴油在商业用途车上可产生明显经济效益。以一辆柴油版出租车为例，一年行驶21.9万公里，使用柴油版轿车能省下7万多元。据了解2010年前后几年我国上海、宁波、杭州等地曾经在出租车行业推广使用柴油车，效果很好，但当时由于市场上柴油供应紧张，推广工作没有坚持下去。现在，市场柴油供应情况包括油品质量情况等做了最大限度的改善，油品质量已经完全不可同日而语。因此当前在某些大气环境较好的地区和行业(如出租车行业)中是发展柴油轿车(包括发展柴油电混合动力新能源汽车)的最佳时机。

### 5.2.2.2　可行性分析

可行性问题的讨论可能比讨论必要性更为现实，它直接影响到国家决策与实施。

我国近年来得到快速发展的民用轿车产业主要是沿袭美国模式，绝大部分采用汽油发动机轿车，基本上不发展柴油机轿车。主要原因是受前几年在一段较长时间内我国柴油市场供应紧张、柴油质量较差及机械制造水平低等原因的影响，导致柴油发动机在我国民用轿车领域中没有得到发展，现在情况已有根本性改变，但仍然在某些领域和领导部门对推广使用民用柴油机轿车或油(柴油)电混合动力新能源轿车建议仍保留一种巨大的惯性思维，导致实际进展十分缓慢。

（1）我国已能供应高质量的数量充沛的清洁柴油，也具备相应必要的运输销售系统。根本原因是我国炼油工业近年来技术水平的迅速提升，柴油加氢精制/转化成套技术已经实现国产化并得到普遍应用。由于国产化柴油炼制技术已经达到国际水平，使得国产柴油无论是产品质量和成本都具有优势。我国国Ⅴ标准清洁柴油已经提前至2017年1月在全国供应，并已经在我国华北地区"2+26"城市于2017年9月底前全部供应符合国Ⅵ标准的车用汽柴油。其柴油质量已达到和在某些方面略超过欧盟水平(EN 590：2013)，完全可以满足民用柴油轿车及轻型柴油车对燃料要求。

清洁柴油标准中硫含量和多环芳烃含量这两个指标直接影响到柴油发动机的颗粒物排放量，过去我国国Ⅲ标准柴油硫含量为350mg/kg，国Ⅳ标准硫含量为50mg/kg，国Ⅴ标准和国Ⅵ强制性国家柴油标准规定柴油硫含量应小于10mg/kg，这已经是目前世界最高的标准。国Ⅴ柴油标准中多环芳烃含量不大于11%，欧盟最新的车用柴油标准(EN 590：2013)，不大于8%。国Ⅵ柴油标准中多环芳烃含量进一步下降到不大于7%，已略低于欧盟最新的车用柴油标准8%的要求。

至于清洁柴油市场供应的条件问题本书前面已进行了大量的分析论证，确认在今后相当一段时间内我国柴油市场供应是不存在问题的，这里不再重复。

(2) 我国柴油机制造技术水平有很大的提升

截至2013年4月底，我国通过国Ⅳ环保型式核准的轻型柴油车车型共有1315个，涉及40家整车企业。主要采用高压共轨和EGR+DOC(~89%)技术，部分企业采用高压共轨和EGR+DOC+POC/DOC(~10%)技术，也有少量电控分配泵和EGR+DOC，具备了发展轻型柴油发动机轿车的技术条件。目前我国进口柴油车多为20~40万元/辆的小型越野车，供中西部使用。目前国内柴油车只有一汽大众在量产。例如捷达GDX/CDX，宝来1.9TDI和开迪2.0SDI、老款A6 TDI、新A6。奥迪2.7 TDI，旧款的为2.5 TDI，除此之外还有SUV，长城哈弗H6、江淮瑞鹰、华泰b11等都有柴油版车生产。

(3) 国外有成熟经验可供借鉴

我国和欧洲不少大型汽车制造商有合资企业，有的还购进了成套生产柴油轿车的产业，从制造技术开发方面分析应该不存在问题，特别是国内柴油车目前只有一汽大众在量产，可以作为振兴东北的一个优先选择发展的项目予以考虑。一些特殊案例分析在如5.2.1.2德国汽车工业面临的信任危机及其解决方案等也有所阐述，这里不再重复。

### 5.2.2.3 具体实施途径和可能出现的问题

从技术层面分析，今后全国实现国Ⅵ清洁柴油标准以后，不仅大大降低了油品中硫等杂质含量，同时柴油中多环芳烃含量也受到限制，再配合以现代柴油机制造技术，在推广使用柴油轿车的技术经济方面应该不存在大的问题，可能有以下几个问题需要加以注意：一个就是柴油车的尾气排放，一个是价格，一个是开发推广油(柴油)电混合动力新能源轿车，最后一个是推广途径和落实国家政策。

(1) 关于尾气排放

目前我国有一些地区冬季大气污染比较严重(约占国土面积150万平方公里，其中严重雾霾约60万平方公里)，在这些地区对于推广使用民用柴油轿车有一定的顾虑和不同意见是可以理解的，但这不应影响到条件好的地区例如沿海地区、南方及中西部等地区可以逐步先试先行，待成熟后再全面推广。总体而言，柴油机尾气排放好于汽油机，表64是普通汽油机和柴油机污染物排放比较，可见除颗粒物含量一项较高外，其余指标柴油机均优于汽油车。众所周知，欧洲目前大量使用柴油车，没有发现对环境存在不可克服的困难。至于颗粒物含量问题，在柴油发动机汽车上安装微粒过滤器等措施可以成功解决颗粒物排放较大的问题(最好强制使用DPF——颗粒捕集器)，这样使柴油轿车尾气污染减少95%以上，达到欧洲柴油车排放水平，也可满足国内严格的环保要求。

表64　汽油机和柴油机污染物排放比较

| 污染物种类 | 柴油发动机 | 汽油发动机 |
|---|---|---|
| CO/% | <0.5 | <10 |
| HC/(μg/g) | <500 | <3000 |
| NO$_x$/(μg/g) | 1000~4000 | 2000~4000 |
| 颗粒物/(g/km) | 0.5 | 0.01 |

由环境保护部、国家质检总局联合发布的《轻型汽车污染物排放限值及测量方法(中国第Ⅵ阶段)》即轻型车"国Ⅵ"标准[54]，标准设置国ⅥA和国ⅥB两个排放限值方案，分别要求于2020年和2023年实施。"国Ⅵ"标准是对现行"国Ⅴ"标准的升级，相比国Ⅴ排放标准限值，国ⅥB阶段排放标准汽油车的一氧化碳和氮氧化物限值加严了50%和42%。不仅如此，国Ⅵ标准中还首次采用了燃油中立的限制，对轻型汽油车和柴油车的要求一致，同时还大幅提高了蒸发排放的测试规程和限值要求，并增加了车载加油油气回收的要求。虽然该标准是基于全球技术法规(wltc测试循环)制定，但是测试程序要求比欧洲严，是一个既非欧标、也非美标的符合中国汽车减排需要的标准。从限值水平来看，轻型汽车国ⅥA阶段限值略严于欧洲第Ⅵ阶段排放标准限值水平，比美国Tier3排放标准限值要求宽松；国ⅥB阶段限值基本相当于美国Tier3排放标准中规定的2020年车队平均限值。如果考虑到测试程序的不同，以及RDE法规和PN限值的引入，可以说国Ⅵ标准是目前世界上最严格的排放标准之一，是具有引领意义的中国汽车排放体系，对促进汽车进步、对中国汽车品牌走出去也会有积极意义。

根据国家环保部的计划，我国拟定于2020年7月1日开始实施国Ⅵ排放标准。深圳则将这一时间提前了整整两年，计划在2018年7月就对轻型柴油车实施国Ⅵ排放标准，2019年1月1日起执行轻型汽油车国Ⅵ排放标准，轻型柴油车实施国Ⅵ排放标准实际比轻型汽油车执行时间早一年。广州市也自2019年1月1日起对新车和外地转入车辆实施国Ⅵ标准。

(2)柴油车价格可能稍高于汽油轿车

由于国情的变化，我国现在已具备了发展家庭柴油轿车的条件，发展柴油民用轿车是值得作为国策考虑的一件大事。主要受发动机价格较高的影响，柴油车整车价格可能稍高于汽油车(一般在10%左右)，从一次投资和长远效益比较，中国大部分老百姓是可以承受的。也可以考虑在推广初期适量从欧洲进口一定量高排放标准的柴油轿车试用，价格由市场决定。当然如果在初期推广阶段政府给予一定的政策性价格补助的话则将起到一种短期促进作用，同时应该考虑在有条件的地区逐步推广柴油轿车，因为即使在欧洲它也没有全部代替汽油车。

（3）开发油（柴油）电混合动力新能源轿车

目前国家大力推广的油电混合动力新能源轿车中油部分主要用的是汽油机，发展柴油电混合动力新能源轿车也不失为一种可以取代的方案。当然尾气排放方面的要求应该是相同的。

（4）加强对清洁柴油和柴油车的宣传和科普教育

根据本书以上进行的分析和讨论，看似清洁柴油满身都是优点，那柴油车为什么在国内普及不了呢？这里有一个问题是十分重要的，就是当今存在对柴油机冒黑烟传统观念的惰性影响以及将轻型柴油车和重型柴油车尾气排放污染问题混淆起来的情况。很多消费者都知道柴油车的动力更强，也更加的省油，在国内几乎都是货车在使用重型柴油发动机。这些货车的噪声大、震动明显、冒黑烟，就直接成为了柴油机的标签。同时，不少用户还一直认为我国柴油质量还处在过去硫含量高、质量低劣的情况，对近年来我国油品质量的快速提升的实际情况宣传普及是非常不够的，因此必须要加强对有关清洁柴油质量和柴油车的科普教育。

事实胜于雄辩，对柴油车的态度，中国和欧洲可谓大相径庭。在欧洲，有超过半数的乘用车，使用的是柴油发动机，要用数字来表示，那就是50%以上，在法国、比利时等国，这一占比甚至在70%以上；而反观中国，柴油车市场发展非常缓慢，目前我国使用柴油机的乘用车，还不到1%。当前在国产柴油质量已经赶上和达到欧盟水平的前提下，同时柴油市场供应也有保证，所以当前发展民用柴油轿车应该是一个最佳时机。"时至不行，反受其殃"，应该抓住这一有效时机进行实施，迅速改变这一情况。

目前国内柴油车的占比如此之小，毫无疑问同时限制了柴油机技术的发展，造成了国内柴油机技术与欧洲先进国家差距逐渐拉大的现状。其实，柴油的清洁度和能效均优于汽油，柴油机的使用能够减少二氧化碳的总体排放，削弱温室效应。压燃式的柴油机比点燃式的汽油机具有更高的能量转换比，简单来说就是省油。低速扭矩还能使得柴油机动力强劲。在欧洲，鉴于汽油税的差别，柴油价格还大大便宜于汽油，让欧洲消费者对柴油车青睐有加，有关价格问题中国情况也基本是相同的。

讨论发展民用柴油机轿车实施途径，包括各种使用轻型柴油发动机的商务车、面包车、旅行车等，其中作为出租车车型和油（柴油）电混合动力车型这两类可以作为特殊案例加以优先考虑。作为一个产业发展规划，建议汽车行业进行更深入的可行性规划研究。

### 5.2.3　一个特殊案例研究：柴油出租车示范工程研究

目前，我国清洁油品质量已升级至国Ⅵ标准水平，油品的杂质硫含量和组分结构得到了高度优化，人们不仅要注意到油品的清洁性，更应考虑需发挥其高能效性，也就是讲目前情况下充分发挥和推广高能效的柴油发动机的时机和条件已经成熟。

进入本世纪以来，我国许多国家领导部门及相应研发部门就十分重视加快发展先进柴油轿车这一课题，如 2005 年 9 月，中国资源综合利用协会资源节约与代用专业委员会在京召开《中国柴油轿车发展建议书》发布会，提出现阶段中国应适度发展现代柴油轿车，以缓解能源短缺的压力。国家发改委能源局、国家发改委地区经济司、国务院发展研究中心、国务院研究室、国家环保部、国家信息中心等有关部门均出席了该发布会[55]，这一工作由于当时主要受国内柴油市场供应紧张、柴油质量落后及柴油发动机技术水平较差等因素的影响进展一直不快。

值得指出的是，出租车行业由于存在某些特殊性——具有较高规模化和集约化的特点，尤其是具有高使用频率等特点，因此在推广柴油轿车方面存在一些先天和先导优势。基于以上特点，2010 年间在"十一五"国家高技术研究发展计划（863 计划）"先进柴油轿车运行试验与技术考核"的支持下，由有关单位在上海及周边华东地区完成了该项十分庞大和复杂的工作，主要内容是扩大了示范出租车等车辆的车型和数量，投放不少于 1000 辆先进柴油轿车，以出租车、公务用车或私家车的形式运营，开展了在当时实际条件下的国Ⅱ/国Ⅳ柴油、合成燃料（G10）和可再生燃料（B10）的 10 万公里运行试验，进一步探索了国内清洁柴油对不同品牌柴油轿车的适应性等。

### 5.2.3.1　研究包括的主要技术、经济指标

（1）不少于 1000 辆先进柴油轿车（两个以上品牌、国产自主品牌柴油机占 50%以上），分别使用国Ⅱ/国Ⅳ柴油、合成燃料（天然气制油 G10、煤制油）、生物柴油（B10），以出租车等形式进行 10 万公里（单车）运行试验与技术考核。

（2）先进柴油轿车使用可再生交通能源和清洁燃料的环保性评价。

（3）先进柴油轿车动力性、城市使用平均百公里燃料消耗量、排放稳定性、安全性、系统可靠性和驾驶性能综合评价。

（4）先进柴油轿车使用可再生燃料、合成燃料和清洁燃料经济效益、社会效益、环保效益总体评价。

（5）我国推广先进柴油轿车需要的扶持政策。

试验样车：

试验样车有 A、B、C 三大种，其发动机和整车主要参数见表 65。由表可见，这 3 种车的排放标准中，车型 B 属于国Ⅳ标准，车型 A 和车型 C 均属于国Ⅲ标准。

表 65　试验样车柴油发动机主要技术参数

| 项　　目 | 单位 | 车型 A(J) | 车型 B(D) | 车型 C(P) |
|---|---|---|---|---|
| 型　　式 | | 水冷直列式四缸四冲程、自然吸气式柴油机 | 水冷直列式四缸四冲程、电控高压共轨可变截面涡轮增压柴油机 | 水冷直列式四缸四冲程、电控泵喷嘴高压直喷涡轮增压柴油机 |
| 总排量 | L | 1.896 | 1.905 | 1.896 |
| 缸径×行程 | mm×mm | 78.5×95.5 | 16 | 78.5×95.5 |
| 额定功率/转速 | kW/(r/min) | 47/4000 | 93/4000 | 85/4000 |
| 最大扭矩/转速 | N·m/(r/min) | 125/2200~2600 | 271/2200 | 285/1750±200 |
| 怠速转速 | r/min | 800±50 | 800±50 | 800±50 |
| 压缩比 | | 19:1 | 17.5:1 | 19:1 |
| 排放标准 | | 国Ⅲ | 国Ⅳ | 国Ⅲ |

试验用燃料：

4 种试验燃料分别为国Ⅱ柴油、B10、G10 和沪Ⅳ柴油 4 种，其中 B10 油为 90%(体积分数)的国Ⅱ柴油和 10%(体积分数)的生物柴油组成的生物柴油混合燃料，G10 油为 90%(体积分数)的国Ⅱ柴油和 10%(体积分数)的天然气制油(Gas to Liquid Oil)组成的天然气制油混合燃料，不同燃油的主要理化性能指标如表 66 所示。由表可见，这 4 种试验用油中质量最好的是沪Ⅳ柴油，硫含量为 30μg/g，和当今已使用的国Ⅵ柴油标准比较两者相差仍是很大的。表 67 是国Ⅳ/国Ⅴ/国Ⅵ标准车用柴油主要指标比较，国Ⅴ/国Ⅵ标准车用柴油的硫含量≯10μg/g，已达到世界超低硫水平，国Ⅵ标准车用柴油的多环芳烃含量(质量分数)≯7%，已经小于欧盟标准(≯8%)。注意，多环芳烃含量指标对改善柴油尾气排放中的 PM 值有重要影响。

表 66　4 种试验用燃油的主要理化性能指标

| 项　　目 | 国Ⅱ柴油 | B10 | G10 | 沪Ⅳ柴油 |
|---|---|---|---|---|
| 密度(20℃)/(g/L) | 839.9 | 846.8 | 835.2 | 824.1 |
| 黏度(20℃)/(mm²/s) | 4.597 | 4.697 | 4.456 | 4.286 |
| 冷滤点/℃ | 0 | 0 | 0 | 0 |
| 硫含量/% | 0.161 | 0.145 | 0.143 | 0.0030 |
| 机械杂质/% | 无 | 无 | 无 | 无 |
| 铜片腐蚀/级　　≤ | 1a | 1a | 1a | 1a |
| 90%回收温度/℃ | 338.1 | 338.7 | 336.3 | 332.4 |
| 10%蒸余物残炭/% | <0.1 | <0.1 | <0.1 | <0.1 |

表 67 国Ⅳ/国Ⅴ/国Ⅵ标准车用柴油主要指标比较

| 项 目 | 国Ⅳ标准 | 国Ⅴ标准 | 国Ⅵ[①] |
|---|---|---|---|
| 硫含量/(mg/kg) | ⩾50 | ⩾10 | ⩾10 |
| 馏程/℃ $T_{50}$ | ⩾300 | ⩾300 | ⩾300 |
| 多环芳烃含量(质量分数)/% | ⩾11 | ⩾11 | ⩾7 |
| 总污染物含量[②]/(mg/kg) | — | — | ⩾24 |
| 密度(20℃)/(kg/m³) | 820~845/800~840 | 810~850/790~840 | 810~845/790~840 |

① 已与欧洲标准接轨。

② 国Ⅵ柴油有总污染物含量⩾24mg/kg 的规定指标，国Ⅴ标准和京Ⅵ柴油标准没有此项规定。

### 5.2.3.2 柴油轿车道路试验与数据采集

（1）燃油经济性分析

上述 3 种柴油出租车在上海市、浙江省杭州市和宁波市、安徽省芜湖市开展了约有 1230 辆先进柴油轿车的运行试验与技术考核，在 10 万公里(单车)运行试验与技术考核中一个重要的指标是燃油经济性分析，这是用实际数据来佐证车用柴油的高能效性的一个重要的方法。与汽油出租车比较，桑塔纳车出租车百公里油耗为 10.09L/100km，使用柴油出租车后，在 3 种柴油出租车结果都是相近的，百公里油耗有较大幅度下降，不同的车型有一定的差别。表现在燃油消耗费用方面也有较大的下降，每年可节省近 2.7 万元到 4.7 万元不等，对用户来说具有很好的经济效益。表 68 是车型 C 柴油出租车燃油经济性分析结果，表 69 是车型 A 柴油出租车燃油经济性分析结果，表 70 是车型 B 柴油出租车燃油经济性分析结果。由于这是在 2010 年前后的数据，虽然取得过程是相当严谨，但在指导当前的工作时建议只能作为一种规律供分析参考用。

表 68 车型 C 柴油出租车燃油经济性分析[①]

| 燃油类型 | 百公里油耗/<br>（L/100km） | 燃油费用/<br>（元/天） | 燃油费用/<br>（元/年） | 年差值(与汽油车<br>比较)/元 |
|---|---|---|---|---|
| 汽油(桑塔纳) | 10.09 | 286.96 | 103305.46 | 0(基准) |
| G10 柴油(车型 C) | 7.49 | 210.62 | 75822.77 | −27482.69 |
| 国Ⅱ/国Ⅳ(车型 C) | 7.17 | 201.57 | 72565.98 | −30739.48 |
| B10 柴油(车型 C) | 7.33 | 206.10 | 74196.71 | −29108.75 |

① 350 辆车型 C 柴油出租车在上海进行了为期 11 个月的运行试验与技术考核。

表69　车型A柴油出租车燃油经济性分析[1]

| 燃油类型 | 百公里油耗/<br>(L/100km) | 燃油费用/<br>(元/天) | 燃油费用/<br>(元/年) | 年差值(与汽油车<br>比较)/元 |
|---|---|---|---|---|
| 汽油(桑塔纳) | 10.09 | 342.051 | 123138.36 | 0(基准) |
| 国Ⅱ柴油(车型A) | 6.33 | 210.789 | 75884.04 | -47254.32 |

[1] 350辆车型A在宁波进行了运行试验。

表70　车型B柴油出租车燃油经济性分析

| 燃油类型 | 百公里油耗/<br>(L/100km) | 燃油费用/<br>(元/天) | 燃油费用/<br>(元/年) | 年差值(与汽油车<br>比较)/元 |
|---|---|---|---|---|
| 汽油(桑塔纳) | 10.09 | 342.051 | 123138.36 | 0(基准) |
| 车型B柴油(杭州) | 7.64 | 254.412 | 91588.32 | -31550.04 |
| 车型B柴油(宁波) | 7.56 | 251.748 | 90629.28 | -32509.08 |
| 车型B柴油(芜湖) | 6.49 | 216.117 | 77802.12 | -45336.24 |

（2）排放特性分析

前已指出，以下显示的是2010年前后得到的数据，使用的燃料和柴油发动机排放标准都是比较早的，和现今实际情况有一定的不同，因此这些数据只能供分析参考用，而不能直接作为评价当前工作的依据。

① CO排放

车型C柴油出租车排放试验结果重复性较好，排放性能稳定，CO排放满足国Ⅳ标准限值。2009年11月1日，上海开始执行国Ⅳ柴油标准，车型C柴油出租车在燃用柴油后的CO排放接近国Ⅳ排放标准限值。

车型A柴油出租车国Ⅱ柴油和国Ⅳ柴油的CO排放稳定，重复性较好，10万公里试验运行里程范围内，CO排放满足国Ⅱ排放标准限值。车型A柴油出租车燃用国Ⅳ柴油的CO排放较低。

车型B柴油出租车燃用国Ⅱ柴油和国Ⅳ柴油的CO排放稳定，重复性较好，10万公里试验运行里程范围内，随行驶里程的增加，车型B柴油出租车燃用国Ⅱ柴油和国Ⅳ柴油燃料的CO排放能满足国Ⅳ排放标准限值。

② $NO_x$排放

2009年11月1日，上海开始执行国Ⅳ柴油标准，车型C柴油出租车在燃用柴油的$NO_x$+THC、$NO_x$、PM排放满足国Ⅲ排放标准规定，且接近国Ⅳ排放标准限值的要求。

车型A柴油出租车燃用国Ⅱ柴油和国Ⅳ柴油的$NO_x$排放稳定，重复性较好。

10万公里试验运行里程范围内，随行驶里程的增加，$NO_x$排放有所增加。当车辆的行驶里程小于2万公里和介于2万公里~6万公里之间时，车型A柴油出租车燃用国Ⅳ柴油的$NO_x$排放能满足国Ⅲ排放标准限值。行驶里程大于6万公里时，燃用国Ⅳ柴油的$NO_x$排放均略超国Ⅲ排放标准限值。燃用4种燃料时，国Ⅳ柴油的$NO_x$排放最低，B10的$NO_x$排放最高。

车型B柴油出租车10万公里试验运行里程范围内，随行驶里程的增加，$NO_x$排放增加。燃用国Ⅳ柴油的$NO_x$排放满足国Ⅳ排放限值标准。

③ THC+$NO_x$排放

车型A柴油出租车燃用国Ⅱ柴油和国Ⅳ柴油的THC+$NO_x$排放稳定，重复性较好。10万公里试验运行里程范围内，随行驶里程的增加，车型A柴油出租车的THC+$NO_x$排放有所增加。当车辆的行驶小于2万公里时，燃用国Ⅱ柴油和国Ⅳ柴油燃料的THC+$NO_x$排放满足国Ⅲ排放标准限值；当车辆的行驶里程介于2万公里~8万公里之间时，车型A柴油出租车燃用国Ⅳ柴油的THC+$NO_x$排放满足国Ⅲ排放标准限值，而国Ⅱ柴油的$NO_x$排放略超国Ⅲ排放标准限值；当车辆的行驶里程大于8万公里时，车型A柴油出租车燃用国Ⅱ柴油和国Ⅳ柴油的THC+$NO_x$排放均略超国Ⅲ排放标准限值。在四种燃料中，燃用B10的THC+$NO_x$排放最高，燃用国Ⅳ柴油的THC+$NO_x$排放最低。

车型B柴油出租车10万公里试验运行里程范围内，燃用国Ⅳ柴油的THC+$NO_x$排放满足国Ⅳ排放限值标准。

④ PM排放

车型A柴油出租车燃用国Ⅱ柴油和国Ⅳ柴油的PM排放稳定，重复性较好。10万公里试验运行里程范围内，随行驶里程的增加，车型A柴油出租车的PM排放增加。当车辆的行驶小于6万公里时，燃用国Ⅳ柴油的PM排放略超国Ⅲ排放标准限值；当车辆的行驶里程大于6万公里时，燃用国Ⅳ柴油的PM排放略超过国Ⅲ排放标准限值。4种燃料中，燃用国Ⅱ柴油的PM排放最高，燃用国Ⅳ柴油的PM排放最低，这是符合一般规律的。

车型B柴油出租车10万公里试验运行里程范围内，燃用国Ⅳ柴油的PM排放满足国Ⅳ排放标准。

有关上述车型C柴油出租车等3种车辆排放特性的实测数据可查原报告中有关图表。

⑤ 车型A、车型B、车型C三种柴油出租车总减排效果分析

表71是3种柴油出租车总减排效果分析小结。可见车型A和车型C柴油版轿车能满足国Ⅲ排放标准，车型B柴油轿车满足国Ⅳ排放标准。

**表 71　车型 A、车型 C、车型 B 柴油出租车总减排效果分析**

| 项　　目 | 车型 A(350 辆) | 车型 B(530 辆) | 车型 C(350 辆) | 减排效果合计 |
|---|---|---|---|---|
| HC/t | −50.4 | −38.16 | −28.8 | −117.36 |
| CO/t | −418.32 | −190.8 | −418.32 | −1027.44 |
| $CO_2$/t | −2585 | −2035 | −1914 | −6533.65 |
| $NO_x$/t | +88.2 | +64.87 | +88.2 | +241.27 |
| PM/t | +12.6 | +9.54 | +12.6 | +34.74 |

表 71 可见，与使用相同标准的汽油轿车比较，350 辆车型 A 柴油出租车、530 辆车型 B 柴油出租车、350 辆车型 A 柴油出租车(总计 1230 辆)在使用 10 万公里试验期间可减少 HC 排放 117.36 吨，减少 CO 排放 1027.44 吨，HC、CO 减排效果十分显著，使用期间可减少 $CO_2$ 排放 6533.65 吨。$CO_2$ 排放是主要的温室气体来源，因此，柴油轿车能减少 $CO_2$ 排放的特点对于降低汽车对全球气候变暖的影响有重要的意义。但在当时的油况和车况情况下 $NO_x$、PM 排放分别稍增加 241.27 吨和 34.74 吨。总体而言，减少排放总量 7678.45 吨，增加排放总量 276 吨，净减少排放总量为 7402.45 吨(10 万公里试验期间单车减少排放量 7 吨)，这是一个值得引起人们高度关注的数据。从环保角度分析，增加排放总量和减少排放总量二者相比是 1：27.8，就是减少排放总量远大于增加排放总量，因此发展柴油轿车对减少车辆尾气排放是非常有利的。需要注意的是现代柴油轿车的 PM 排放量和十年前相比已大为减少，欧Ⅳ标准的重型柴油轿车的 PM 排放是欧Ⅰ标准重型柴油轿车 PM 排放的 1/18，欧Ⅳ标准的柴油轿车的 PM 排放是欧Ⅰ标准的柴油轿车 PM 排放的 1/6，欧Ⅰ标准柴油轿车又是传统的柴油轿车排放的 1/13~1/15。所以如今后我国全面采用国Ⅵ标准的清洁柴油和发动机的话，这一情况定可大大改进。

### 5.2.3.3　柴油出租车示范工程研究小结(2010 年)

(1) 关于车辆排放方面

① 柴油轿车与汽油轿车相比前者能够节省相当数量燃油，同时总体上减少了尾气 $CO_2$ 排放。与使用相同标准的汽油轿车比较，包括 350 辆车型 A 柴油出租车、530 辆车型 B 柴油出租车中和 350 辆车型 C 柴油出租车(总计 1230 辆)在使用 10 万公里试验期间可减少 $CO_2$ 排放 6533.65 吨。

② 现代柴油轿车的 CO 与 HC 排放显著较少，与使用相同标准的汽油轿车比较，上述三种柴油出租车使用期间可减少 HC 排放 117.36 吨，减少 CO 排放 1027.44 吨，HC、CO 减排效果显著。

③ 现代柴油轿车的 $NO_x$ 排放大为减少，但与同样排放标准的先进汽油轿车相比，现代柴油轿车的 $NO_x$ 排放稍高于汽油轿车。

④ 现代柴油轿车排放的可吸入颗粒物大为减少，但汽油轿车排放的可吸入颗粒物更少，一般可认为不排放颗粒物，因此提高现代柴油轿车可吸入颗粒物的排放标准是柴油轿车技术进步一项重要内容（对柴油质量而言主要是降低柴油中的芳烃/多环芳烃含量）。使用清洁柴油也是目前必须实行的一项基本措施。

⑤ 本报告曾使用过生物柴油作为出租车燃料，其中 B10 油为 90%（体积分数）的国Ⅱ柴油和 10%（体积分数）生物柴油的国Ⅱ柴油 - 生物柴油的混合燃料，其使用后的燃油经济性分析和排放特性分析和母体柴油基本相近，可以在推广 B10 生物柴油时一并推广。

（2）关于车辆节能和经济效益方面

① 三种车型的柴油出租车的道路百公里平均油耗均低于汽油出租车。其中车型 C（350 辆）、车型 A（350 辆）和车型 B（530 辆）平均油耗为 7.17、6.33、7.60L/100km；桑塔纳 4000 汽油出租车的道路百公里平均油耗为 10.09L/100km。

② 以上海市出租车为例，进行节能对比分析。按照每天行驶 450 公里计算，与汽油出租车相比，每辆柴油出租车每年可以节省燃油 3.97 吨。

2016 年上海市共有出租车 5.8 万辆，如按照其中 10%、20%、50% 采用柴油轿车来计算，全年节省的燃油分别为 2.31 万吨、4.60 万吨和 11.53 万吨，节能效果是十分显著的。

③ 从用户经济角度分析，按照每天行驶 450 公里计算，与汽油出租车相比，每辆柴油出租车每年可以节省燃油 3.97 吨，按照当时上海柴油油价 7.33 元/升，汽油油价 7.39/升计算，单车每年可节省开支 3.46 万元。上海市 2016 年共有出租车 5.8 万辆，按照其中 10%、20%、50% 采用柴油轿车计算，每年可节省开支分别为 2.01 亿元、4.02 亿元和 10.05 亿元，经济效益显著。

据中国公安部交通管理局最近发布数据，截至 2018 年 6 月底，全国机动车保有量达 3.19 亿辆。又据新华社报道，2018 年上半年新注册登记机动车达 1636 万辆，高于去年同期 1594 万辆的登记量。其中新能源汽车保有量达 199 万辆，私家车保有量达 1.8 亿辆，2018 年以来保有量月均增加 166 万辆，机动车保有量保持持续快速增长。目前我国每年有上亿吨以上汽油作为燃料使用，而使用柴油轿车不到汽车总数的 1%，因此在当前条件相当成熟的前提下，推广使用先进柴油轿车工作应该是我国在能源领域可持续发展道路上一件刻不容缓的大事。

（3）推广柴油车的深远影响

推广柴油车达到一定数量以后，不仅对我国大气环境的改善和提高燃料能效有重大影响，还由于可以替代相当数量的汽油燃料，因此可以导致在今后一个相当时间段内保持一个适合我国国情的消费柴汽比，并进一步压缩国家柴油出口量和原油进口量（即部分改善炼油工业二头在外的局面），相应降低炼油企业的原油加工量。同时由于减少了乙烯原料中掺加柴油的比例，有利于优化我国乙烯工业原料结构，提高乙烯工业经济效益，总之，推广柴油车产生的影响将是广泛而又深远的。

# 附录一 汽油和柴油组成中影响车辆排放尾气的主要组分（AQIRP/EPEFE 报告）[4]

（1）硫

硫燃烧后生成 $SO_x$，不仅导致形成酸雨，而且会促进 HC、CO、$NO_x$ 和 PM 的排放。当燃料硫含量从 1500mg/kg 降低到 50mg/kg 后，可使车辆排放 HC 和 CO 显著减少。根据美国空气质量改进研究计划（Air Quality Improvement Research Program，简称 AQIRP，1989 年由美国 3 家汽车公司和 14 家石油公司与美国环保局合作，联合进行燃料和汽车对排放的影响与空气质量改进研究项目）的研究结果表明，对于当前车型，当汽油硫含量从 450mg/kg 降至 50mg/kg 时，HC 排放可减少 18%，CO 减少 19%，$NO_x$ 减少 9%，有毒物减少 16%，同时减少对流层的臭氧含量，并且不影响燃料经济性。对于美国联邦 Tier I 型车，当硫含量从 320mg/kg 降低到 35mg/kg 后，HC 减少 20%，CO 排放减少 16%，$NO_x$ 减少 9%，如附表 1 和附图 1 所示。

附表 1　AQIRP 降低汽油硫含量对减少不同车型汽车尾气排放的效果

| 车型① | 汽油硫含量变化/（mg/kg） | 尾气排放物减少/% | | | |
|---|---|---|---|---|---|
| | | HC | CO | $NO_x$ | 有毒物 |
| 当前车型 | 450→50 | −18 | −19 | −8 | −10 |
| 联邦 Tier I 型 | 320→35 | −20 | −16 | −9 | −16 |

① 当前车型（current fleet）指 1989 年车型，安装有新的排放控制技术和燃料喷射发动机；联邦 Tier I 型指 1983～1985 年车型安装有汽化器发动机，以下各表相同。

1992 年由欧洲 14 家汽车公司和 18 家石油公司与政府三方参与，联合进行排放、燃料和发动机技术研究项目（EPEFE）中也得到降低汽油硫含量对减少汽车尾气排放的效果，如附表 2 所示。美国汽车制造商协会（AAMA）和国际汽车制造商协会（AIMA）对低排放车辆（LEV）和超低排放车辆（ULEV）的法规要求的研究中也表明降低汽油硫含量对减少汽车尾气排放的显著效果。

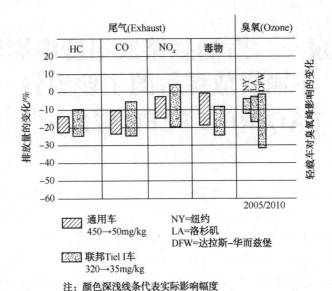

附图1 降低汽油硫含量对不同车型汽车尾气的主要作用

**附表2 EPEFE降低汽油硫含量对减少汽车尾气排放的效果**

| 研究项目 | 排放法规要求 | 汽油硫含量变化/ (mg/kg) | 尾气排放物减少/% | | |
|---|---|---|---|---|---|
| | | | HC | CO | $NO_x$ |
| EPEFE | 第2阶段 | 380→18 | 9(43)[1] | 9(52)[1] | 10(20)[1] |
| AAMA/AIMA | LEV/ULEV | 600→30 | 32 | 55 | 48 |

① 括号内为在进行欧盟检测工况(EUDC)热试验中测得的减少值。

在汽车尾气起净化作用的催化转化器中,硫会使催化剂中毒,损害氧传感器和车载诊断系统的性能,因此采用先进技术的低排放车辆对硫更加敏感,如用稀土催化转化器时要求硫必须小于300mg/kg。

柴油含硫对排放的影响很大,特别是对排放 $NO_x$ 和形成PM有明显促进作用。$SO_x$ 与泄漏的润滑油中含钙添加剂生成硫酸钙($CaSO_4$)颗粒物,特别容易形成小于2.5μm的细微颗粒(PM2.5),这类颗粒物约占PM总量的10%。同时,硫还影响柴油催化后处理装置(CAT)的效率,降低柴油中硫含量并采用催化转化器可以大大减少尾气中CO和PM10(10μm颗粒)的排放,$CO_2$、HC和 $NO_x$ 的排放也有所减少,如附表3所示。因此大幅度降低柴油硫含量越来越引起各界人士的关注。

**附表3　柴油硫含量对车辆排放的影响** g/km

| 排放物 | $CO_2$ | HC | CO | $NO_x$ | PM10 |
|---|---|---|---|---|---|
| 柴油硫含量0.05% | 1386 | 0.64 | 1.35 | 15.0 | 0.23 |
| 超低硫柴油 | 1351 | 0.63 | 1.38 | 14.2 | 0.16 |
| 超低硫柴油+催化转化器 | 1288 | 0.33 | 0.27 | 13.4 | 0.083 |

（2）烯烃

汽油中的烯烃是高辛烷值的贡献组分，但是容易在发动机燃料系统和进气阀系形成沉积物，$C_5 \sim C_7$烯烃是生成VOC、$NO_x$和有毒物（1，3-丁二烯）的主要来源。$NO_x$和HC在光化学作用下，生成弥散于对流层的光化学烟雾，导致二次污染。AQIRP的研究结果表明，当汽油烯烃含量由20%降至5%时，对于当前车型和老车型，HC排放反而上升6%，$NO_x$排放减少6%，而对CO和有毒物无影响，但1，3-丁二烯减少30%，因此对流层的臭氧减少70%，即降低光化学反应性，如附表4和附图2所示。

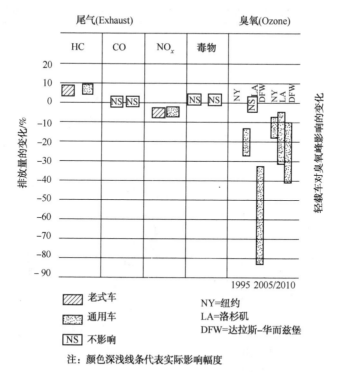

附图2　汽油烯烃从20%降低到5%的主要作用

**附表4　AQIRP 降低汽油烯烃含量对不同车型汽车尾气的主要作用**

| 车　型 | 汽油烯烃含量/% | 尾气排放物减少/% | | | |
| --- | --- | --- | --- | --- | --- |
| | | HC | CO | NO$_x$ | 有毒物 |
| 当前车型 | 20→5 | +6 | 无影响 | −6 | 无影响 |
| 老车型 | 20→5 | +6 | 无影响 | −6 | 无影响 |

柴油中的烯烃影响氧化安定性和色度，形成胶质和沉积物，引起柴油发动机的输油管路堵塞，也会促进尾气排放 NO$_x$。

（3）芳烃

汽油中芳烃对辛烷值的贡献最大，但燃烧不完全时会使尾气排放含苯和增加 NO$_x$ 量。如 C$_9$ 和 C$_{10}$ 芳烃(API 度 25～40，沸程 151～216℃ )燃烧不完全时排放尾气就含苯。AQIRP 的研究结果表明，当汽油芳烃含量由 45%降至 20%时，可使当前车型 HC 排放减少 6%，CO 减少 13%，有毒物减少 28%，但对 NO$_x$ 影响不大；对老车型 HC 排放上升 14%，CO 影响不大，NO$_x$ 减少 11%，有毒物减少 23%；对臭氧的形成也影响不大，如附表 5 和附图 3 所示。

**附表5　AQIRP 降低汽油芳烃含量对不同车型汽车尾气的主要作用**

| 车　型 | 汽油芳烃含量/% | 尾气排放物减少/% | | | |
| --- | --- | --- | --- | --- | --- |
| | | HC | CO | NO$_x$ | 有毒物 |
| 当前车型 | 45→20 | −6 | −13 | 无影响 | −28 |
| 老车型 | 45→20 | +14 | 无影响 | −11 | −23 |

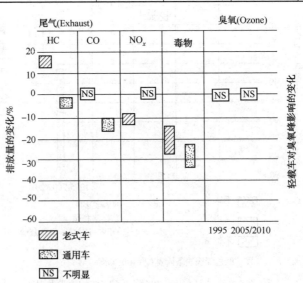

注：颜色深浅线条代表实际影响幅度

附图3　汽油芳烃从 45%降低到 20%的主要作用

柴油中含芳烃影响发动机的点火性能，容易生成 $NO_x$ 和未燃烃，并可能促进 PM 形成，其中三环以上芳烃的影响最大。柴油的密度和十六烷值两项指标可间接反映芳烃含量，与 PM 排放量有很好相关性。如十六烷值提高 5 个单位，可使某些发动机的 PM 排放量减少 5%，密度由 $0.840g/cm^3$ 降到 $0.800g/cm^3$，可使 PM 排放量减少 1%～13%；芳烃含量由 40% 降至 20%，$NO_x$ 排放量可减少 15%，同时也减少 HC 的排放量。

（4）MTBE 及其他含氧化合物

1990 年代在汽油中加入含氧化合物，主要是甲基叔丁基醚（MTBE），是生产新配方汽油（RFG）的关键。调入 MTBE 为汽油提供了辛烷值、氧含量、稀释度和体积等好处，因而降低了汽油生成臭氧前身物和毒性物。AQIRP 的研究结果表明，当汽油加入 MTBE 从 0% 增加到 15% 时，可使当前车型和老车型 HC 排放减少 5%～9%，CO 减少 11%～14%，而对 $NO_x$ 和有毒物没有影响，但是如果燃料的芳烃含量低，则会使 $NO_x$ 排放上升约 5%，对有毒物的影响不大，对臭氧的形成也影响不大，其他含氧化合物的影响与 MTBE 相似，如附表 6 所示。

附表 6　AQIRP 汽油加入 MTBE 对不同车型汽车尾气的主要作用

| 车　型 | MTBE 加入量/% | 尾气排放物减少/% | | | |
|---|---|---|---|---|---|
| | | HC | CO | $NO_x$ | 有毒物 |
| 当前车型 | 0→15 | −5 | −11 | 无影响 | 无影响 |
| 老车型 | 0→15 | −9 | −14 | 无影响 | 无影响 |

（5）综合效果

欧洲排放、燃料和发动机技术计划（EPEFE）的成果之一是研究了改进汽油质量对汽油车的排放的影响，汽油性质变化如附表 7 所示。可以看到 VOC 和苯的排放，随着汽油的硫、烯烃、苯、芳烃的降低和氧含量的上升而下降，但是对 $NO_x$ 的影响则不同，上述指标降低后 $NO_x$ 下降幅度很小，而且当进一步降低时，反而使 $NO_x$ 的排放量上升。

附表 7　清洁汽油的性质

| 项　目 | 基准 | G1 | G2 | G3 | G4 |
|---|---|---|---|---|---|
| 硫/（mg/kg） | 300 | 30 | 30 | 10 | 10 |
| 烯烃/%（体积分数） | 11 | 9 | 10 | 9 | 8 |
| 芳烃/%（体积分数） | 40 | 37 | 36 | 30 | 25 |
| 苯/%（体积分数） | 2.3 | 2.1 | 1.8 | 1 | 0.7 |
| 氧/%（体积分数） | 0.6 | <1.0 | <1.7 | 1.6（<2.7） | 2（<2.7） |

续表

| 项　目 | 基准 | G1 | G2 | G3 | G4 |
|---|---|---|---|---|---|
| 蒸气压 RVP/kPa | 68 | 58 | 58 | 58 | 58 |
| 100℃馏出率/%(体积分数) | 53 | 55 | 56 | 62 | 65 |
| 150℃馏出率/%(体积分数) | 84 | 85 | 88 | 89 | 92 |

EPEFE 成果之二是研究了改进柴油质量对轻负荷柴油车和重负荷柴油车的排放的影响，柴油性质如附表 8 所示。可以看到，随着柴油提高十六烷值和降低硫、密度、多环芳烃与 $T_{95}$，对轻负荷柴油车和重负荷柴油车排放 PM 均明显下降；而对 $NO_x$ 的影响则不同，重负荷柴油车有所改善，轻负荷柴油车改善幅度很小，而且当进一步降低多环芳烃与 $T_{95}$ 时，反而使 $NO_x$ 的排放量上升。

**附表 8　清洁柴油的性质**

| 项　目 | 基准 | D1 | D2 | D3 | D4 | D5 当地 |
|---|---|---|---|---|---|---|
| 硫/(mg/kg) | 450 | 300 | 200 | 50 | 50 | 50 |
| 十六烷值 | 51 | 53 | 54 | 55 | 58 | 58 |
| 密度/(g/cm³) | 0.843 | 0.835 | 0.831 | 0.828 | 0.828 | 0.820 |
| 多环芳烃/% | 9 | 6 | 4.5 | 2.2 | 2.2 | 0.7 |
| $T_{95}$/℃ | 355 | 350 | 345 | 340 | 340 | 310 |

美国誉称为"轮子上"的国家，汽车作为重要交通工具在美国已成为人们广泛的代步工具，因此美国是全世界汽油消费大国，对汽油质量的追求和汽油规格标准的演化反映了当今世界汽油质量水平，也影响世界汽油的规格标准及其发展。目前，全球汽车排放标准形成三大体系：欧洲体系、美国体系和日本体系，日本体系影响力较低，欧洲体系和美国体系被更多国家采用，他们的侧重点各有不同。比较欧洲和美国排放体系主要考虑 5 个要素，即排放限值、测试工况、燃油和润滑油品质、耐久性和强制措施。美国，欧洲，日本等工业发达国家的石油工业和汽车工业及政府政策之间联合，对车、燃料、排放、环境、政策的相互关系进行一系列研究，取得显著成果。具有影响力的研究计划如：

① 美国空气质量改进研究计划(AQIRP)。1989 年由美国 3 家汽车公司和 14 家石油公司与美国环保局合作(分别是 GM、Ford、Chrysler、Texaco、UNOCAL、Marathon、BP、Chevron、AMOCO、Ashland、Shell、ARCO、Sunoco、Conoco、Mobil、Exxon 和 Phillips-66)，联合进行空气质量改进研究项目，内容包括燃料和汽车对排放的影响和空气质量改进的研究，历时 8 年，AQIRP 于 1997 年完成全部研究工作并提出最终报告。

② 欧洲排放、燃料和发动机技术计划(EPEFE)。1992 年由欧洲 14 家汽车公

司和18家石油公司联合与政府三方参与，进行排放、燃料和发动机技术研究项目。为达到2010年有效保护人类健康和环境得空气质量标准所需措施的决策提供科学和技术基础。

③ 日本清洁空气计划（JCAP）。就燃料和车辆技术对排放的影响展开联合研究，1997年至1998年研究降低汽油车的排放，1999年至2001年研究降低柴油车的排放。

这些计划在发动机机内外净化的基础上，研究汽油和柴油的组成与性质对排放的影响，从而促进了世界范围内对车用汽油和柴油提出新的质量要求和规格标准的建议，最重要和最新的成果是提出严格限制汽油和柴油中的硫和芳烃含量，并提到立法日程上来。美国、欧洲和日本已经从石油工业和汽车工业的角度，为提供清洁燃料、新的更经济的发动机技术和更有效的尾气排放清洁系统而进行了大量的工作，取得显著成果。排放物已经大大减少，因而显著地改善了空气质量，如降低臭氧前身物–挥发性有机化合物、氮氧化物和毒物，降低温室效应的温室气体。

# 附录二 我国汽柴油质量标准的发展及与国外标准的对照[56,57]

（1）国内汽柴油标准发展

20 世纪 70 年代开始，我国汽油标准从 66 号、70 号起步，到 1985 年开始升级到 80 号和 85 号，90 号、93 号含铅汽油。1997 年北京市首先淘汰了所有的含铅汽油，2000 年高标准清洁汽油开始供应北京市场，2003 年 7 月，北京、上海、广州三大城市车用汽油全部实现清洁化。

国内汽柴油标准发展有两个特点：一是发展速度由慢到快，我国油品质量升级近年来用了 10 年左右时间走过了欧美国家花了 20~30 年走过的道路。二是地方标准先行，地方标准发展早于国家标准，北京是最典型的例子。

1999 年 12 月。国家质量技术监督局公布 GB 19730—1999(车用无铅汽油)国家标准，对汽油中的硫含量、烯烃含量、芳烃含量、苯含量等提出了限值，标志了我国汽柴油质量的快速升级拉开了序幕。2006 年开始实施国Ⅲ车用汽油排放标准，2014 年 1 月全国实施国Ⅳ排放标准，2015 年更新为国Ⅴ排放标准，2016 年 1 月，东部 11 个省市汽柴油全部实施国Ⅴ排放标准，2017 年 1 月全国实施国Ⅴ排放标准。

因城市严酷的环保要求，以北京为首的特大城市相继分阶段公布并实施了车用汽油的地方标准。2004 年 5 月，北京市发布了(车用汽油)地方标准(DB 11/238—2004)，排放标准符合欧Ⅱ、欧Ⅲ标准。2008 年、2012 年北京又陆续出台了京Ⅳ、Ⅴ京标准，规定的实施日期远早于国家标准的实施日期。上海、广东也陆续出台了本地区的地方标准，时间稍晚于北京，但指标要求和北京地方标准基本相同。2017 年 1 月，北京开始实施京Ⅵ排放标准，有关变动内容本书前已有一定的叙述。

2016 年 12 月 23 日国家发布了最新的汽柴油国家标准(GB 17930—2016，GB 19147—2016)。标准中规定了最新的国Ⅵ阶段车用汽柴油的主要指标，该标准已经达到了欧洲现阶段车用汽柴油的质量要求，在个别技术指标的要求上已经优于现行的欧盟标准。国Ⅵ汽油标准分为国ⅥA 和国ⅥB 两个标准，国ⅥA 标准执行时间为 2019 年 1 月 1 日，国ⅥB 标准更为严格，从 2023 年 1 月 1 日起开始执行。

附表 9 是中国车用汽油国家标准近年来发展情况，从 2009 年起，车用汽油蒸气压控制指标由单一的上限控制变更为结合气候变化的日期来控制蒸气压范围。

国Ⅴ汽油标准公布后，硫含量由国Ⅳ汽油标准 50mg/kg 降低为 10mg/kg，降低幅度达 80%，同时参照欧洲汽油标准辛烷值由原来的 93#/97# 改为 92#/95#，略有降低。

附表9　中国车用汽油国家标准近年来发展

| 项　　　目 | | 国Ⅲ | 国Ⅳ | 国Ⅴ | 国ⅥA/国ⅥB |
|---|---|---|---|---|---|
| 标准号 | | GB 17930—2006 | GB 17930—2011 | GB 17930—2013 | GB 17930—2016 |
| 研究法辛烷值 | ≮ | 90/93/97 | 90/93/97 | 89/92/95/98 | 89/92/95/98 |
| 抗爆指数 | ≮ | 85/88/报告 | 85/88/报告 | 84/87/90/93 | 84/87/90/93 |
| 锰含量 | ≯ | 0.016 | 0.008 | 0.002 | 0.002 |
| 馏程/℃　$T_{10}$ | ≯ | 70 | 70 | 70 | 70 |
| $T_{50}$ | ≯ | 120 | 120 | 120 | 110 |
| $T_{90}$ | ≯ | 190 | 190 | 190 | 190 |
| 终馏点 | ≯ | 205 | 205 | 205 | 205 |
| 残留量/%(体积分数) | ≯ | 2 | 2 | 2 | 2 |
| 蒸气压/kPa<br>冬季 | ≯ | 88(11.1~4.30) | 42~85<br>(11.1~4.30) | 45~85<br>(11.1~4.30) | 45~70(3.16~5.14)<br>42~62(5.15~8.31) |
| 夏季 | ≯ | 72(5.1~10.31) | 40~68<br>(5.1~0.31) | 40~65<br>(5.1~10.31) | 45~70(9.1~11.14)<br>47~80(11.15~3.15) |
| 硫含量/(μg/g) | ≯ | 150 | 50 | 10 | 10/10 |
| 烯烃含量/%(体积分数) | ≯ | 30 | 28 | 24 | 18/15 |
| 芳烃含量/%(体积分数) | ≯ | 40(烯烃和芳烃总量不变，可放大到42) | 40(烯烃和芳烃总量不变，可放大到42) | 40(烯烃和芳烃总量不变，可放大到42) | 35/35 |
| 苯含量/%(体积分数) | ≯ | 1.0 | 1.0 | 1.0 | 0.8/0.8 |

柴油标准分为车用柴油和普通柴油(2011年前称为轻柴油)，后者用于拖拉机、内燃机车、工程机械、内河船舶和发电机组等压燃式发动机。

2015年，国家发改委发布《加快成品油质量升级工作方案》，加快了柴油质量标准的升级步伐，要求自 2016 年 1 月起，东部 11 省市车用柴油全部实施国Ⅴ标准，2017 年 1 月全国实施车用柴油国Ⅴ标准。2018 年 1 月起全国供应与国Ⅴ标准相同硫含量的普通柴油(国Ⅴ标准普通柴油)。附表 10 是中国车用柴油国家标准近年来发展情况。

附表 10　中国车用柴油国家标准近年来发展情况

| 项　目 | 国Ⅲ | 国Ⅳ | 国Ⅴ | 国Ⅵ |
|---|---|---|---|---|
| 标准号 | GB 19147—2009 | GB 19147—2013 | GB 19147—2013 | GB 19147—2016 |
| 标号 | 5/0/-10/-20/ -35/-50 | 5/0/-10/-20/ -35/-50 | 5/0/-10/-20/ -35/-50 | 5/0/-10/-20/ -35/-50 |
| 色度/号　⊁ | 3.5 | 3.5 | 3.5 | |
| 硫含量/（μg/g）　⊁ | 350 | 50 | 10 | 10 |
| 酸度/（mgKOH/100mL）　⊁ | | 7 | 7 | 7 |
| 十六烷值　⊀ | 49/46/45 | 49/46/45 | 51/49/47 | 51/49/47 |
| 十六烷指数　⊀ | 46/46/43 | 46/46/43 | 46/46/43 | 46/46/43 |
| 馏程/℃　$T_{50}$　⊁ | 300 | 300 | 300 | 300 |
| 闪点/℃　⊀ | 55/45 | 55/45 | 55/45 | 60/50/45 |
| 多环芳烃含量/%（体积分数）　⊁ | 11 | 11 | 11 | 7 |
| 密度（20℃）/（kg/m³） | 810~850/ 790~840 | 810~850/ 790~840 | 810~850/ 790~840 | 810~845/ 790~840 |
| 脂肪酸甲酯/%　⊁ | 0.5 | 1.0 | 1.0 | 1.0 |
| 总污染物含量/（μg/g）　⊁ | — | — | — | 24 |
| 润滑性，校正磨痕直径 （60℃）/μm　⊁ | 460 | 460 | 460 | 460 |

（2）欧美汽柴油标准发展

欧美车用汽油早期发展远比我国相同档次的标准要早，如欧Ⅲ标准在1999年便公布实施，当时我国汽油质量还没有达到欧Ⅱ标准。柴油标准差距更大一些。目前这一差距已经大大缩小，某些国家指标已经达到甚至略有超过。

欧洲汽油牌号均以研究法辛烷值要求为依据，美国则以抗爆指数来区分汽油的抗爆性能。如美国87号汽油的抗爆性能与我国92号汽油抗爆性能相当。欧洲汽油对硫含量控制较严，从欧Ⅴ标准以后，对汽油苯含量、烯烃含量、芳烃含量的控制没有变化。欧Ⅵ标准提出了从2014年1月起对锰含量不超过2g/L的要求，这是欧洲标准第一次对MMT的限制要求。另外，欧Ⅵ标准增加了乙醇汽油的组成及相应的挥发性要求。附表11是欧美车用汽油标准主要指标的变化情况。

附表 11　欧美车用汽油标准主要指标的变化情况

| 项　目 | | 欧 IV | 欧 V | 欧 VI | LEV III |
|---|---|---|---|---|---|
| 标准 | | EN228/2004 | EN228/2008 | EN228/2012 | Title13(2012) |
| RON | ≮ | 95 | 95 | 95 | |
| MON | ≮ | 85 | 85 | 85 | |
| 抗爆指数 | ≮ | — | — | — | 87/89/91 |
| 密度(15℃)/(kg/m³) | | 725~775 | 720~775 | 720~775 | |
| 蒸发温度 70℃馏出/%(体积分数) | | 20~48 | 20~48 | 20~48 | 54.4~65.5① |
| 蒸发温度 100℃馏出/%(体积分数) | | 46~71 | 46~71 | 46~71 | ≮104② |
| 蒸发温度 150℃馏出/%(体积分数) | | ≮75 | ≮75 | ≮75 | ≮166③ |
| 蒸气压/kPa | | 45~60(夏季) | 45~60(夏季) | 45~60(夏季) | 44~50 |
| 硫含量/(μg/g) | ≯ | 50 | 10 | 10 | 20 |
| 苯含量/%(体积分数) | ≯ | 1 | 1 | 1 | 0.8(生产者)<br>1.1(销售者) |
| 烯烃含量/%(体积分数) | ≯ | 18 | 18 | 18 | 6(生产者)<br>10(销售者) |
| 芳烃含量/%(体积分数) | ≯ | 42 | 35 | 35 | 25(生产者)<br>35(销售者) |
| 氧含量/% | ≯ | 2.7 | 2.7 | 2.7 | |

①②③分别为馏出体积 10%、50%、90%时的蒸发温度。

欧洲柴油主要指标变化不大，对油品的挥发性能和冷凝性能规定较为详细，欧 VI 阶段对锰含量也有要求，欧洲柴油硫含量与汽油是相同的，均为 10μg/g。美国对低排放柴油的多环芳烃有严格的限制。附表 12 是欧美车用柴油标准主要指标的变化情况。

附表 12　欧美车用柴油标准主要指标的变化情况

| 项　目 | | 欧 IV | 欧 V | 欧 VI | 美 LEV II |
|---|---|---|---|---|---|
| 标准 | | EN590/2004 | EN590/2008 | EN590/2013 | |
| 十六烷值 | ≮ | 51(47~49) | 51(47~49) | 51(47~49) | |
| 十六烷指数 | ≮ | 46 | 46(43~46) | 46(43~46) | Title17(2004) |
| 密度(15℃)/(kg/m³) | | 820~835 | 820~845<br>800~845 | 820~845<br>800~845 | |
| 250℃馏出/%(体积分数) | < | 65 | 65 | 65 | 243~253① |
| 350℃馏出/%(体积分数) | > | 85 | 85 | 85 | 288~321② |

续表

| 项　目 | | 欧Ⅳ | 欧Ⅴ | 欧Ⅵ | 美 LEV Ⅱ |
|---|---|---|---|---|---|
| 95%馏出温度/℃ | ≤ | 360 | 360 | 360 | |
| 锰含量/(g/L) | < | | | 2 | |
| 多环芳烃含量/% | ≯ | 11 | 8 | 8 | 3.5 |
| 脂肪酸甲酯/%(体积粉数) | ≯ | 5 | 7 | 7 | |
| 硫含量/(μg/g) | ≯ | 50 | 10 | 10 | 15 |

①②分别为馏出体积 50% 和 90% 的馏出温度。

（3）世界燃油规范

1998 年 6 月在比利时布鲁塞尔举行的第三届世界燃料会议上，欧洲汽车制造商协会（ACEA）、汽车制造商联盟（Alliance）、日本汽车制造商协会（JAMA）和美国发动机制造商协会（ACEA）代表全球汽车行业联合发表了"世界燃油规范"，第一次在世界范围内对车用燃油提出了科学、明确、详细的指标要求。制定规范的目的是在世界范围内协调车用燃油的质量要求与汽车技术的发展，以应对日益严格的油耗法规和不断升级的排放标准要求。

第一版《规范》于 1998 年 12 月发行，之后经过 4 次修订，最新版的第五版已于 2013 年 9 月公布，第五版对车用汽油部分指标规定见附表 13。《规范》对清洁汽油要求的总体趋势是降低硫含量、芳烃含量、烯烃含量和苯含量，新版的烯烃体积含量/% 要求不大于 10.0，同时收窄密度范围，提高最低辛烷值等级。

附表 13　第五版《规范》对车用汽油部分质量指标

| 项　目 | | Ⅰ类(1998) | Ⅱ类 | Ⅲ类 | Ⅳ类 | Ⅴ类(2013) |
|---|---|---|---|---|---|---|
| RON | | 91/95/98 | 91/95/98 | 91/95/98 | 91/95/98 | 95/98 |
| 密度(15℃)/(kg/m³) | | 715~780 | 715~770 | 715~770 | 715~770 | 720~775 |
| 硫含量/(μg/g) | ≯ | 1000 | 150 | 30 | 10 | 10 |
| 苯含量/%(体积分数) | ≯ | 5.0 | 2.5 | 1.0 | 1.0 | 1.0 |
| 烯烃含量/%(体积分数) | ≯ | | 18.0 | 10.0 | 10.0 | 10.0 |
| 芳烃含量/%(体积分数) | ≯ | 50.0 | 40.0 | 35.0 | 35.0 | 35.0 |

第五版对车用柴油部分指标规定见附表 14，第五版规范中增加的第五类车用柴油实际上是建立了一个高质量的纯车用柴油规格。此类车用柴油可以利用某些先进生物燃料如加氢植物油（HVO）和生物质制油（BTL），最后经调合得到的车用柴油能满足特定的法规标准即可。在指标要求方面，相比于第四类车用柴油，第五类车用柴油没有新突破，其中硫含量、芳烃和多环芳烃含量等指标都已经相当低了。

由表可见，车用柴油质量指标总的变化趋势是提高十六烷值，降低硫含量、芳烃含量和多环芳烃含量，同时收窄密度范围。第五版对车用柴油部分指标规定均未作调整，一个可能是它们再进一步提高限值的空间已经不大。

附表 14　第五版《规范》对车用柴油部分指标规定

| 项　　目 | | Ⅰ类(1998) | Ⅱ类 | Ⅲ类 | Ⅳ类 | Ⅴ类(2013) |
|---|---|---|---|---|---|---|
| 十六烷值 | ≮ | 48.0 | 51.0 | 53.0 | 55.0 | 55.0 |
| 十六烷指数 | ≮ | 48.0(45.0) | 51.0(48.0) | 53.0(50.0) | 55.0(52.0) | 55.0(52.0) |
| 硫含量/(μg/g) | ≯ | 2000 | 300 | 50 | 10 | 10 |
| 密度(15℃)/(kg/m³) | | 820~860 | 820~850 | 820~840 | 820~840 | 820~840 |
| 90%馏出温度/℃ | ≯ | | 340 | 320 | 320 | 320 |
| 95%馏出温度/℃ | ≯ | 370 | 355 | 340 | 340 | 340 |
| 终馏点/℃ | ≯ | | 365 | 350 | 350 | 350 |
| 芳烃含量/% | ≯ | | 25 | 20 | 15 | 15 |
| 多环芳烃含量/% | ≯ | | 5.0 | 3.0 | 2.0 | 2.0 |

# 参 考 文 献

[1] 瞿国华. 经济新常态下的中国炼油工业[M]. 北京：中国石化出版社，2017.

[2] 李振宇，朱庆云，卢红，等. 从汽柴油消费变化预测我国中长期石油需求[J]. 中外能源，2014，19(8)：1-6.

[3] 曹湘洪. 建设绿色低碳、布局合理的交通运输燃料体系[J]. 当代石油石化，2016，24(4)：1-14.

[4] 瞿国华. 现代含硫原油加工：第四篇 汽柴油质量[M]. 中国石化上海石化股份公司，2002.

[5] 中国石化北京设计院. 清洁燃料工程. 1999.

[6] 瞿国华. 页岩气产业开发技术经济[M]. 北京：中国石化出版社，2016.

[7] 洪定一. 油品质量升级与机动车治理——多管齐下治理雾霾、建设清洁环境[R]. 北京：亚洲炼油石化大会，2016-06-15.

[8] 陈俊武，许友好. 催化裂化工艺与工程：上册[M]. 3版. 北京：中国石化出版社，2015：471.

[9] 马伯文. 清洁燃料生产技术[M]. 北京：中国石化出版社，2001：12.

[10] 曾榕辉，蒋东红，彭冲，等. 催化柴油(LCO)高效利用技术[G]//王基铭. 中国炼油技术新进展. 北京：中国石化出版社，2017：63-87.

[11] 徐承恩. 催化重整工艺与工程[M]. 2版. 中国石化出版社，2014.

[12] 戴厚良. 芳烃技术[M]. 北京：中国石化出版社，2014.

[13] 陈俊武，许友好. 催化裂化工艺与工程：上册[M]. 3版. 北京：中国石化出版社，2015.

[14] Jeff Balko. Clean fuels catalysts for reduced gasoline olefins and sulfur[C]. Refining technology conference，2000，Aug 16-18.

[15] 许友好，鲁波娜，何鸣元，等. 变径流化床反应器理论与实践. 北京：中国石化出版社，2019：172.

[16] 刘成军，温世昌，尹恩杰. 500kt/a催化轻汽油醚化装置的设计与开工[J]. 石化技术，2013，20(2)：34-38.

[17] 于中伟，张秋平，孔祥冰，等. 炼厂轻烃加工技术[G]//王基铭. 中国炼油技术新进展. 北京：中国石化出版社，2017：214-225.

[18] 卜岩，郭蓉，侯娜. 烷基化技术进展[J]. 当代化工，2012，41(1)：69-72.

[19] 徐春明，刘植昌，张睿，等. 复合离子液体碳四烷基化技术[G]//王基铭. 中国炼油技术新进展. 北京：中国石化出版社，2017：227-234.

[20] 温朗友，吴巍，刘晓欣. 间接烷基化技术进展[J]. 当代石油石化，2004，12(4)：37-41.

[21] Patrick J，Christensen，Thomas W，等. 炼厂烷基化技术的未来：安全与辛烷值之间的平衡[J]. 中外能源，2015，20(5)：80-84.

[22] 杜铭，陈微微，宋月芹. 钠交换Amberlyst15催化异丁烯叠合制二异丁烯[J]. 石油学报：

石油加工，2017，33(3)：12-16，22.

[23] 李丹阳，刘姝，王晓宁.C₄烯烃叠合反应及催化剂研究现状[J].辽宁石油化工大学学报，2016，36(5)：1-5.

[24] 刘传勤.S Zorb 清洁汽油生产新技术[J]齐鲁石油化工，2012，40(1)：14-17.

[25] 顾兴平.S Zorb 催化裂化汽油吸附脱硫技术[J]石油化工技术与经济，2012(3)：59.

[26] 朱云霞，徐惠.S Zorb 技术的完善和发展[J]炼油技术与工程，2009，39(8)：7-12.

[27] 刘刚，张雄飞.兰州石化46万吨/年乙烯装置原料多样化过程及改进措施[C]//上海：第20次全国乙烯年会论文集，2018：690-696.

[28] 王建伟.壳牌标准催化剂在镇海炼化300万吨/年柴油加氢装置上的工业应用[C].珠海：2016年沿海沿江省市石油学会学术年会论文集，2016.

[29] 金爱军，姜维.采用FHUDS-5/FHUDS-6/FHUDS-8级配催化剂生产国Ⅴ/国Ⅵ标准柴油应用分析[J].中外能源，2018，23(8)：65-71.

[30] Sogaard - Adersbn, P., Cooper, B. H. m, & Hannerup, P. N.,"Reducing Aromatics in Diesels Fuels"[C]NPRA AM—92—50

[31] 侯芙生.中国炼油技术[M].3版.北京：中国石化出版社，2011.

[32] 王继峰，杜艳泽，龙湘云，等.加氢系列催化剂开发与应用[G]//王基铭.中国炼油技术新进展.北京：中国石化出版社，2017：63-87.

[33] Worldwide Refinery Processing Review[J].IQ 2012.

[34] 李大东.加氢处理工艺与工程[M].北京：中国石化出版社，2004：159-163.

[35] 黄新露.芳烃高效转化生产轻芳烃技术[J].化工进展，2013.32(9)：2263.

[36] 毛安国，龚剑虹.催化裂化轻循环油生产轻质芳烃的分子水平研究[J].石油炼制与化工，2014，45(7)：1-6.

[37] 乔治·A·奥拉，阿兰·戈佩特，G·K·苏耶·普拉卡西.跨越油气时代：甲醇经济[M].胡金波译.北京：化学工业出版社，2007.

[38] Reed T B, Lerner R M.Methanol：Aversatile Fuel for Immediete Use[J].Science，1973，182：1299.

[39] 瞿国华.推广甲醇汽油的风险与低风险对策[J].当代石油石化，2011(12)：1-5.

[40] 陈卫国.甲醇及二甲醚汽车进展情况[R].第三届中国煤制油与煤化工国际论坛.上海市石油学会，上海亚化咨询公司，银川，2008-07.

[41] 赵贤俊，王海成，刘晓辉，等.甲醇燃料产业化的现状和趋势[J].化工技术经济，2006，24(9)：10.

[42] 吴城琦，冯向法.甲醇燃料——最具竞争力的可替代能源[J].中外能源，2007，12(1)：16.

[43] 托尼·帕冯.石油替代燃料(ATFs)的开发[J].国际炼油与化工，2007(3)：61.

[44] SRI：PEP-180：Methanol[R].Stanford Research Institute International，Mar，2000.

[45] Peter F Ward, Jonathan M Teague.Fifteen Years of Fuel Methanol Distribution.California Energy Commission Report，CEC-999-1996-017.

[46] California Air Resources Board.The California Reformulated Gasoline Regulations.effective

August 29，2008，Page 65.

［47］ Moffat A S. Methanol-Powered［J］. Science，1991，251：514.

［48］ 梁玮. 甲醇汽油的研究开发及应用现状［J］. 中外能源，2006，11(2)：98.

［49］ 赵文龙. 内蒙古乙醇汽油推广使用分析及思考［J］. 中国石油和化工经济分析，2009(9)：57-58.

［50］ Estimated Number of Alternative-Fueled Vehicles in Use and Fuel Consumption，1992-2007［R/OL］. www. eia. doe. gov.

［51］ 覃树林，王新明，孙保剑，等. 玉米芯综合利用研究进展［J］. 氨基酸和生物资源，2014，36(2)：23-27.

［52］ 瞿国华. 石油替代燃料开发及其产业特征［J］. 能源技术，2009，30(1)：12-18.

［53］ 毛宗强，李南岐. 对美国新氢能政策的思考［J］. 中外能源，2009，14(8)：27.

［54］ 环保部解答轻型车国Ⅵ排放标准［J］. 商用汽车，2017，01.

［55］ 钟师.《中国柴油轿车发展建议书》面世［J］. 汽车与配件，2005，40.

［56］ 郭飞鸿，王维民. 汽柴油应用与质量管理：第四章［M］. 北京：中国石化出版社，2017.

［57］ 郑丽君，朱庆云，李雪静，等. 欧盟汽柴油质量标准与实际质量状况［J］. 国际石油经济，2015(5)42.